Mathematik

1 Welche Aufgaben passen zum Bild? Kreuze sie an und rechne.

☐ 23 + 4 = ____	☐ 9 + 18 = ____	☐ 100 − 11 = ____
☐ 23 − 4 = ____	☐ 8 + 9 = ____	☐ 80 + 13 = ____
☐ 19 − 4 = ____	☐ 18 + 19 = ____	☐ 80 + 11 = ____
☐ 19 + 4 = ____	☐ 18 + 9 = ____	☐ 80 − 11 = ____

☐ 25 + 7 = ____	☐ 64 € + 3 € = ____	☐ 3 · 10 = ____
☐ 32 + 7 = ____	☐ 64 € + 21 € = ____	☐ 3 · 7 = ____
☐ 32 − 7 = ____	☐ 21 € − 64 € = ____	☐ 5 · 10 = ____
☐ 32 − 17 = ____	☐ 21 € − 12 € = ____	☐ 8 · 10 = ____

2 Male die Edelsteine in zwei verschiedenen Farben an und schreibe passende Aufgaben.

____________________ ____________________

3 Welche Aufgaben findest du noch im Bild?
Schreibe sie auf und rechne.

4 Was wollten die Diebe noch stehlen? Male die Dinge
in die Kiste und schreibe passende Aufgaben.

1 Wie heißen die Lösungswörter?
Zu jedem Ergebnis gehört ein Buchstabe.

3	8	11	12	27	28	35	40	47	54	59	60	61	73	84	98
V	F	I	R	E	A	K	D	U	N	Z	O	H	B	T	L

14 + 26 = ____ ____
80 − 53 = ____ ____
100 − 16 = ____ ____
3 · 9 = ____ ____
77 − 42 = ____ ____
50 + 34 = ____ ____
67 − 56 = ____ ____
15 : 5 = ____

4 · 10 = ____ ____
96 − 85 = ____ ____
42 − 15 = ____ ____
65 + 8 = ____

80 − 21 = ____ ____
7 · 4 = ____ ____
5 + 56 = ____ ____
100 − 2 = ____ ____
92 − 65 = ____ ____
27 + 27 = ____ ____
36 + 23 = ____ ____
23 + 37 = ____ ____
6 · 2 = ____ ____
71 − 59 = ____ ____
10 · 6 = ____

2 Welche Zahl ist es?

Diese Zahl hat doppelt so viele Zehner wie Einer.
Sie ist größer als 70 und kleiner als 100: ____

Diese Zahl hat sechs Einer mehr als Zehner.
Sie ist gerade: ____

Diese Zahl hat zwei Zehner mehr als Einer.
Sie ist eine Quadratzahl: ____

3 Wie geht es weiter? Finde die Regeln.

14 27 40 ___ ___ ___ ___ + ___

93 78 63 ___ ___ ___ ___ ___

5 9 18 22 44 ___ ___ ___

4 Kreuze alle Aufgaben an,

… deren Ergebnis 52 ist.

☐ 18 + 24	☐ 7 + 45	☐ 22 + 35 – 5
☐ 31 + 21	☐ 60 – 2	☐ 97 – 45 + 3
☐ 90 – 28	☐ 84 – 32	☐ 71 – 15 – 4

… deren Ergebnis kleiner als 37 ist.

☐ 57 – 30	☐ 70 – 33	☐ 96 – 60 + 6
☐ 15 + 23	☐ 9 + 25	☐ 29 + 27 – 25
☐ 81 – 54	☐ 14 + 19	☐ 82 – 45 – 4

5

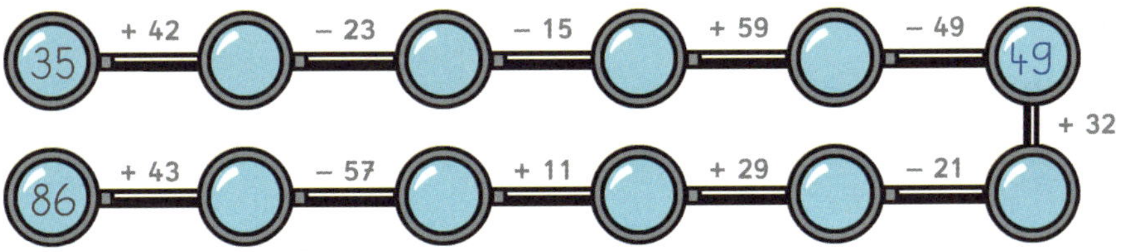

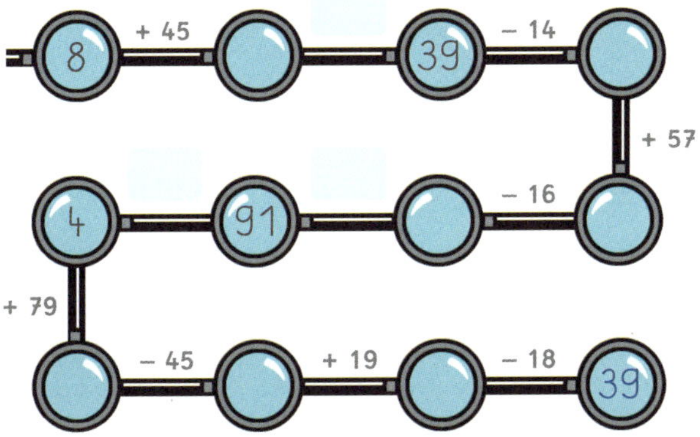

Rechne mal!

1

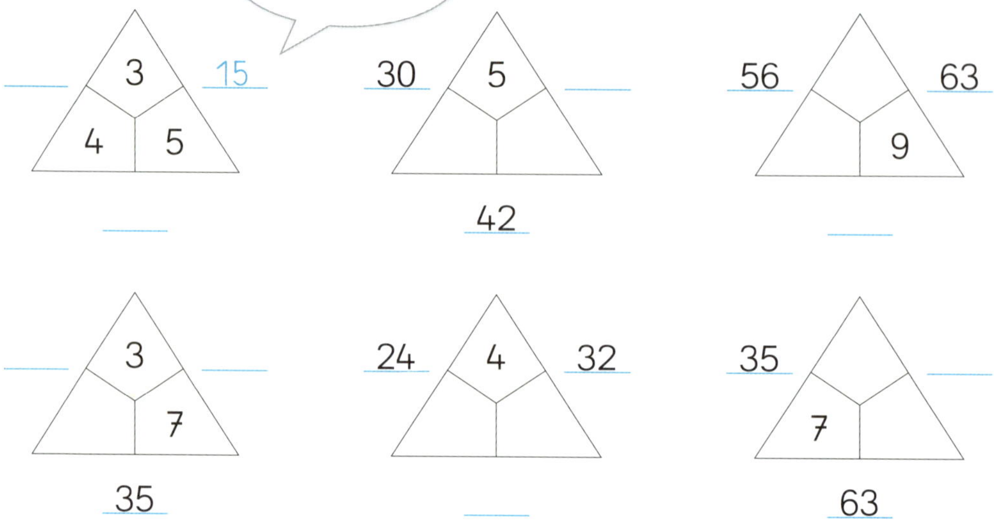
3
4
5
15
30
5
42
56
63
9
3
7
35
24
4
32
35
7
63

2

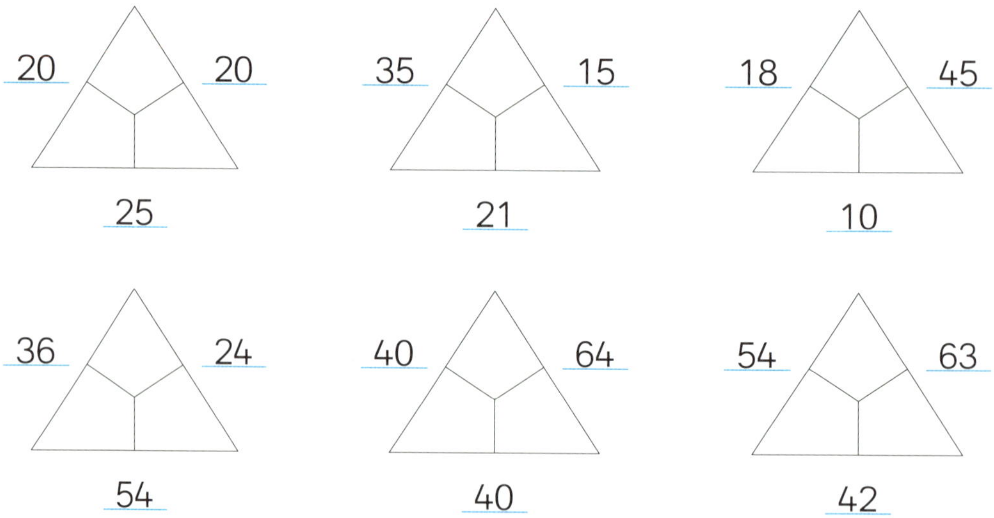
20
20
25
35
15
21
18
45
10
36
24
54
40
64
40
54
63
42

3

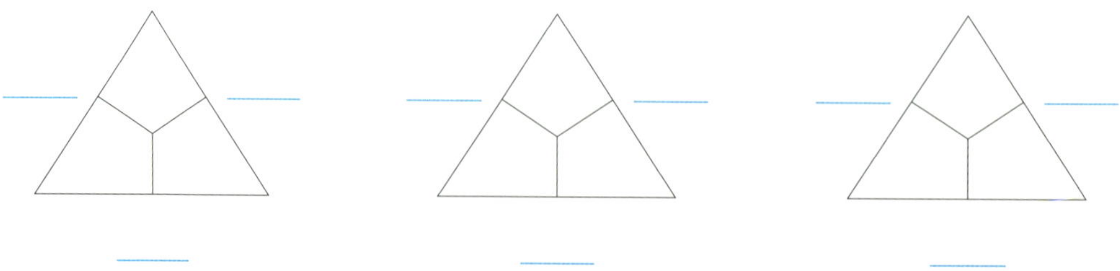

4 Finde passende Malaufgaben. Rechne aus.

Ergebnis: 16

8 · 2 = ____

4 · 4 = ____

____

____

Ergebnis: 24

____

____

____

____

Ergebnis: 42

____

____

____

____

Ergebnis: 56

____

____

____

____

Ergebnis: 36

____

____

____

____

Ergebnis: 45

____

____

____

____

5 Immer drei Aufgaben haben dasselbe Ergebnis.
Umrande sie in gleicher Farbe.

1 Rechne die Geteiltaufgabe. Prüfe mit der Umkehraufgabe.

30 : 5 = ____, denn ____ · 5 = 30

24 : 8 = ____, denn ____ · 8 = 24

20 : 2 = ____, denn __________

36 : 6 = ____, denn __________

28 : 4 = ____, denn __________

56 : 7 = ____, denn __________

56 : 8 = ____, denn __________

81 : 9 = ____, denn __________

2 Finde alle Geteiltaufgaben. Rechne aus.

20

20 : 1 = ____

20 : 2 = ____

____

____

____

____

24

____

____

____

____

____

____

____

____

36

____

____

____

____

____

____

____

____

____

25

____

____

____

3

Die fünf Diebe teilen ihre Beute gerecht auf.
Wie viele Gegenstände bleiben jeweils übrig?

36 Diamanten	36 : 5 = ______	Rest ______
45 Uhren	______	Rest ______
49 Ketten	______	______
55 Ringe	______	______
37 Silberteller	______	______
60 Goldmünzen	______	______

4 Welche Aufgaben lassen denselben Rest?
Umrande sie in derselben Farbe.

15 : 4	18 : 4	20 : 4	24 : 4	30 : 4
15 : 5	18 : 5	20 : 5	24 : 5	30 : 5
15 : 6	18 : 6	20 : 6	24 : 6	30 : 6
15 : 7	18 : 7	20 : 7	24 : 7	30 : 7

56 : 7	72 : 7	90 : 7
56 : 8	72 : 8	90 : 8
56 : 9	72 : 9	90 : 9
56 : 10	72 : 10	90 : 10

1 Ergänze symmetrisch.

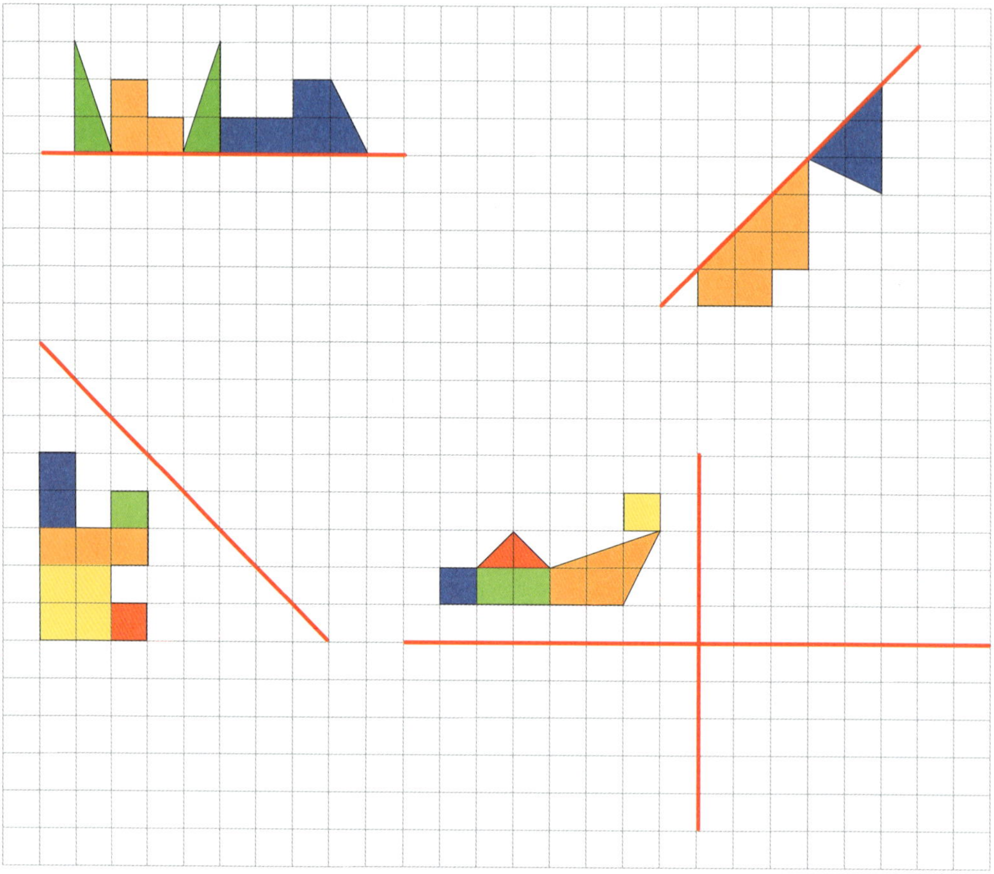

2 Zeichne alle Symmetrieachsen ein.

1 Vervollständige die Muster.

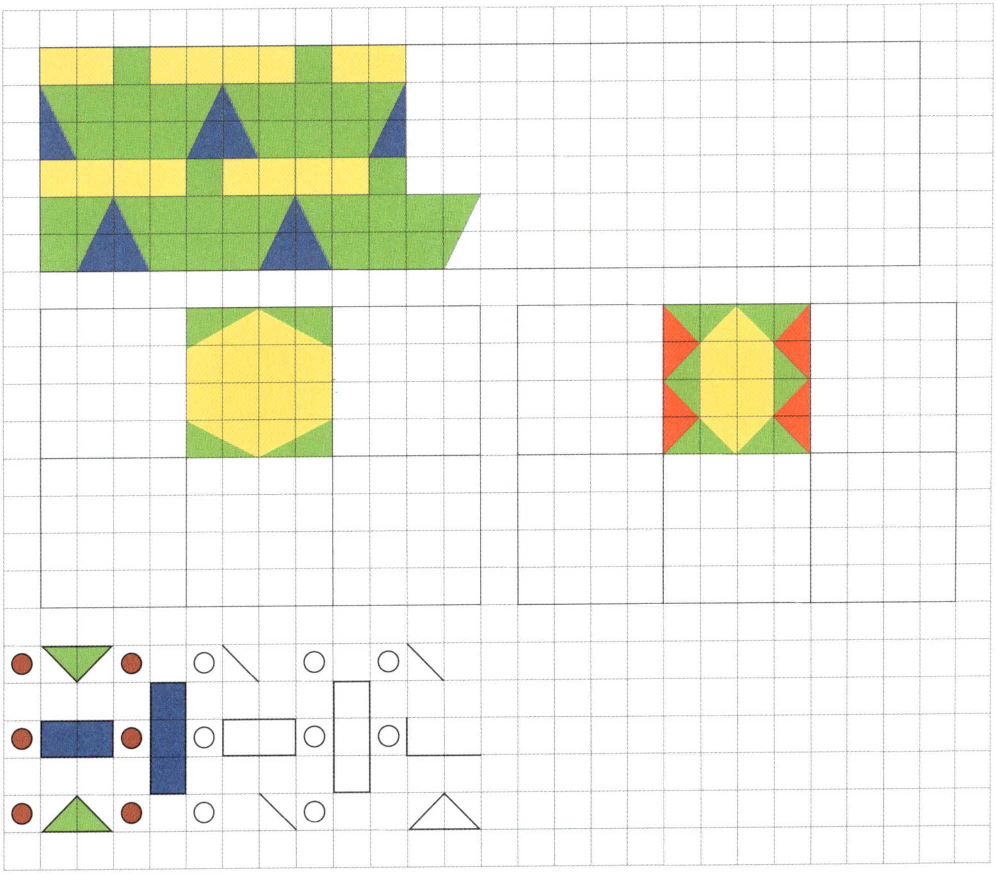

2 Die Detektive Willi und Billi entdecken auch Muster in den Zahlenfolgen. Setze fort.

2, 5, 9, 14, ____, ____, ____, ____, ____, ____

3, 6, 12, 24, ____, ____, ____, ____, ____, ____

9, 18, 16, 25, ____, ____, ____, ____

1, 3, 6, 10, ____, ____, ____, ____

100, 81, 64, 49, ____, ____, ____, ____

99, 91, 85, 77, ____, ____, ____, ____

100, 91, 82, 73, ____, ____, ____, ____

Auf dem Weg zur 1 000 gibt es

_____ Hundertertafeln.

1 Welche Zahlen können es sein?

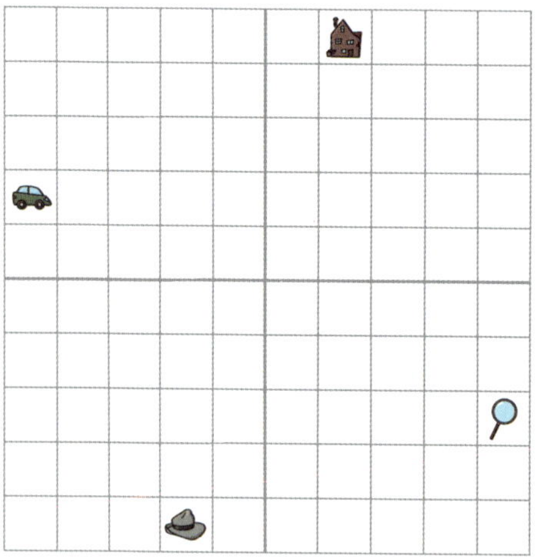

7, 107, _____

_____

_____

_____

_____

_____

_____

_____

2 Wie heißen die Zahlen?

Die erste Zahl auf der dritten Hundertertafel: _____

Die vorletzte Zahl auf der siebten Tafel: _____

Die letzte Zahl der vierten Reihe auf der zehnten Tafel: _____

Die 24. Zahl auf der achten Tafel: _____

Die erste Zahl in der dritten Reihe der fünften Hundertertafel: _____

Die Zahl über der letzten Zahl der vierten Hundertertafel: _____

1 Folge den Pfeilen und notiere die Felder.

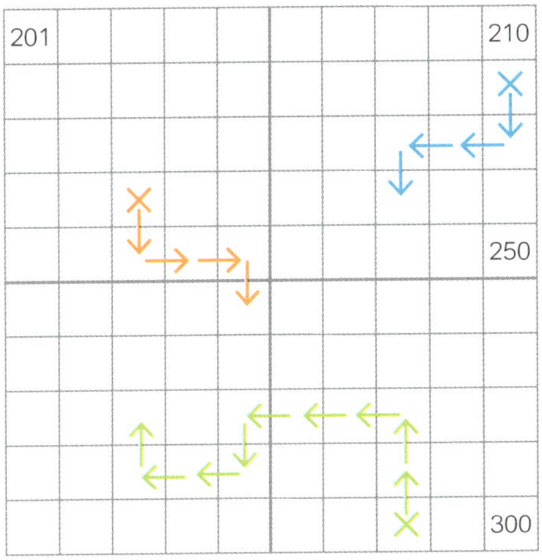

×	↓	←	←	↓
220	230			

×	↓	→	→	↓
233				

×	↑	↑	←	←

←	↓	←	←	↑

2 Detektiv Willi eilt zum Tatort. Spürhund Schnüff folgt den Spuren des Diebes bis zu dessen Versteck.

74 → → → ↓ ↓ → → ↑ ← ____

125 ↓ ↓ ↓ ← ← ← ↓ ↓ → ____

443 ← ← ↑ ↑ → ↑ ____

590 ↑ ↑ ↑ ↑ ← ↑ ____

700 ↑ ↑ ↑ ← ← ____

____ ← ↑ ↑ → ↑ → 963

____ → ↓ → ↓ → ↓ 699

1 Wie heißen die Zahlen?

7 H 8 Z 2 E ______ 6 Z 2 E ______
3 Z 5 H ______ 6 H 2 Z ______
9 E 4 Z 8 H ______ 6 H 2 E ______
2 H 4 E 1 Z ______ 6 E 2 Z 6 H ______

2 Wie heißt die dargestellte Zahl?

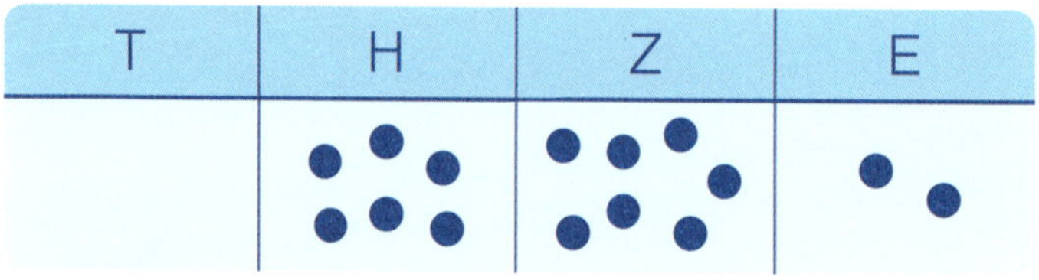

______

Immer ausgehend von dieser Zahl, sind neue Zahlen gesucht:

	Zahl
Verschiebe alle Plättchen der Zehner-Spalte nach rechts.	
Lege 3 Plättchen der Hunderter-Spalte in die Einer-Spalte.	
Verschiebe alle Plättchen eine Stelle nach links.	
Lege 2 Plättchen der Hunderter-Spalte und 3 Plättchen der Zehner-Spalte in die Einer-Spalte.	
Verschiebe aus jedem Feld zwei Plättchen nach links.	
Lege aus jedem Feld ein Plättchen an die Tausenderstelle.	
Lege alle Plättchen in die Hunderter-Spalte.	
Lege die Plättchen des Einer-Feldes in das Tausender-Feld und alle anderen Plättchen in das Zehner-Feld.	

1 Welche Zahl passt? Male entsprechend an.

| 50 | 100 | 150 | 200 | 250 |

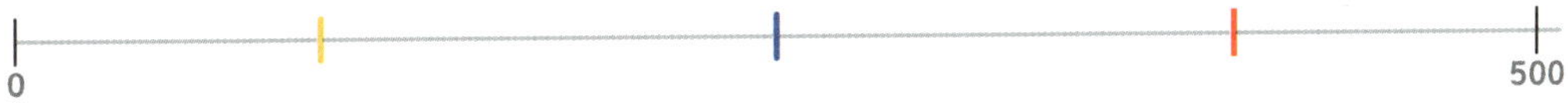

| 100 | 200 | 250 | 350 | 400 |

| 100 | 250 | 300 | 600 | 750 |

2 Wie heißen die Zahlen?

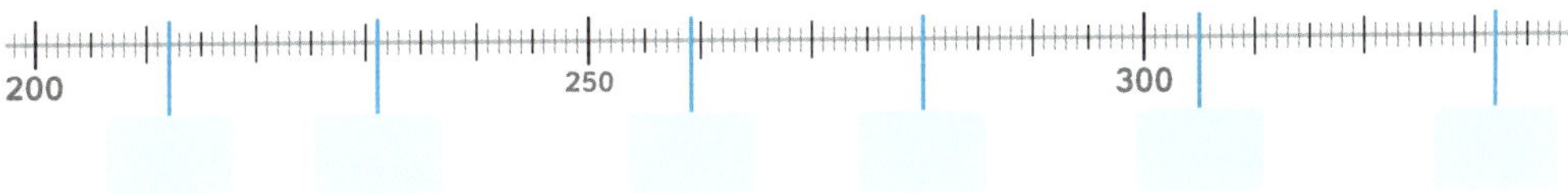

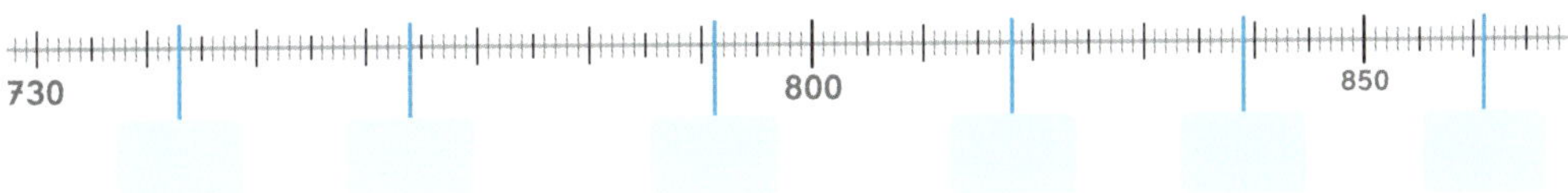

3 Nachbar**zehner**

_____ 173 _____

_____ 549 _____

_____ 64 _____

_____ 797 _____

_____ 401 _____

Nachbar**hunderter**

_____ 173 _____

_____ 549 _____

_____ 64 _____

_____ 797 _____

_____ 933 _____

1 Die Detektive Schleich und Klein werden von ihren Auftraggebern bezahlt.

Schleich erhält 1 000 Euro.
Wie viele Scheine oder Münzen erhält er, wenn er

- nur 500-Euro-Scheine bekommt? ______
- nur 50-Euro-Scheine bekommt? ______
- nur 5-Euro-Scheine bekommt? ______
- nur 50-Cent-Stücke bekommt? ______
- nur 5-Cent-Stücke bekommt? ______

Klein bekommt 200 €.
Wie viele Scheine oder Münzen erhält er, wenn er

- nur 20-Euro-Scheine bekommt? ______
- nur 2-Euro-Stücke bekommt? ______
- nur 20-Cent-Stücke bekommt? ______
- nur 2-Cent-Stücke bekommt? ______

Schleich bekommt nur 20-Cent-Stücke.
Wie viele Münzen erhält er?

______

Detektiv Klein bekommt 100 Euro als Anzahlung für einen neuen Auftrag.
Er bekommt keine Münzen und keinen 5-Euro-Schein.

Wie viele Scheine bekommt er mindestens? ____________

Wie viele Scheine bekommt er höchstens? ____________

Wie viele verschiedene Möglichkeiten gibt es?

Es gibt ______ verschiedene Möglichkeiten.

Detektiv Schleich bekommt drei gleiche Geldscheine.

Wie viel Euro sind es mindestens? ____________

Wie viel Euro sind es höchstens? ____________

Wie viele verschiedene Möglichkeiten gibt es? ____________

Detektiv Schleich bekommt drei verschiedene Geldscheine.

Wie viel Euro sind es mindestens?

____

Wie viel Euro sind es höchstens?

____

Wie viele verschiedene Möglichkeiten gibt es, wenn er auf jeden Fall einen 500-Euro-Schein und einen 5-Euro-Schein erhält?

____

1 Hund Schnüff hat vor dem Kellerfenster Fußspuren entdeckt. Es waren mindestens zwei Einbrecher mit den Schuhgrößen 46 und 42.
Die 40 bereits gefassten Verdächtigen haben folgende Schuhgrößen:

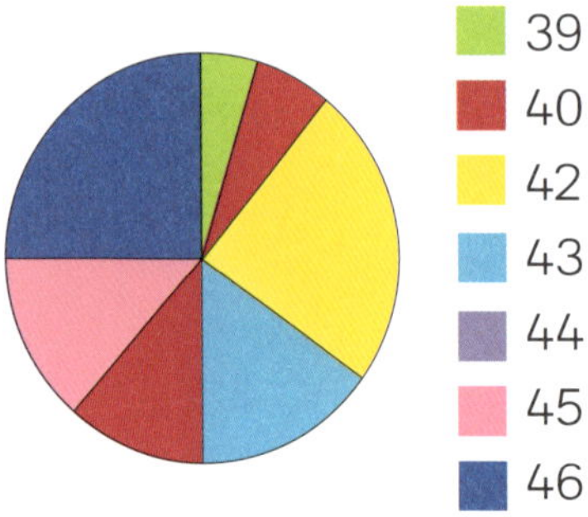

Wie viele der 40 bereits gefassten Verdächtigen kommen als Täter in Frage?

Antwort: ______________________________

2 Augenzeugen berichten, dass die Einbrecher mindestens 1,80 m groß waren.

Die ______ bereits gefassten Verdächtigen mit den Schuhgrößen 42 oder 46 sind so groß:

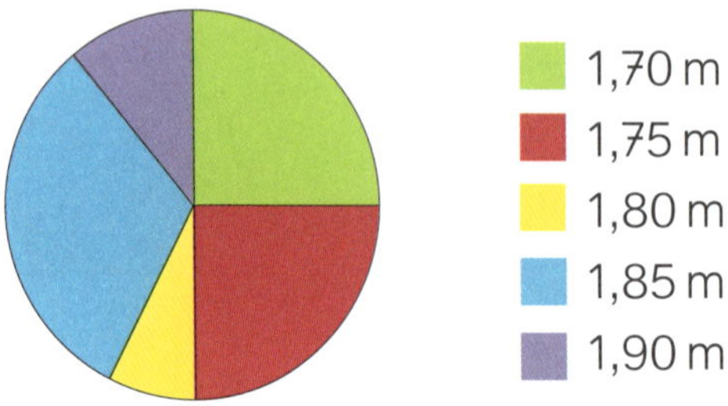

Es kommen ______ Personen als Täter in Frage.

3 Die Detektive Schleich und Klein haben den gestohlenen Schmuck gefunden.
Welche Tabelle gehört zu welchem Balkendiagramm?
Verbinde mit Linien.
Trage die Schmuckstücke passend in die Tabelle ein.

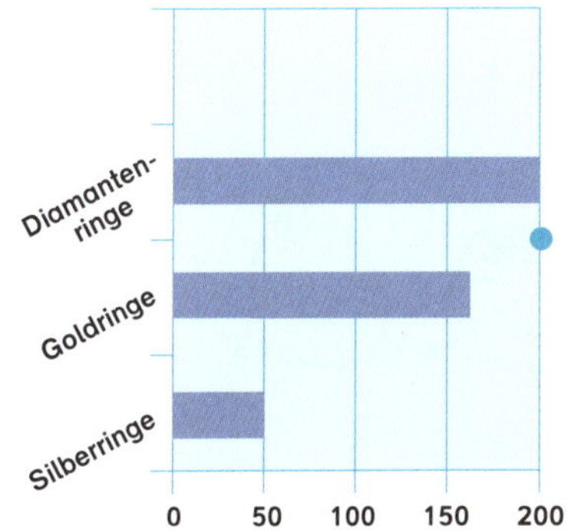

500	120	60

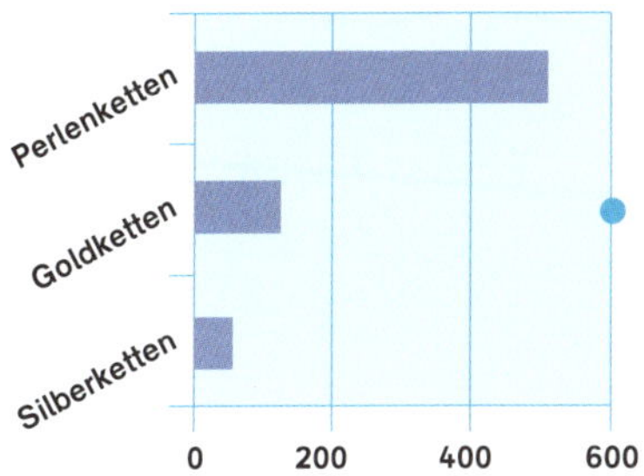

200	160	50

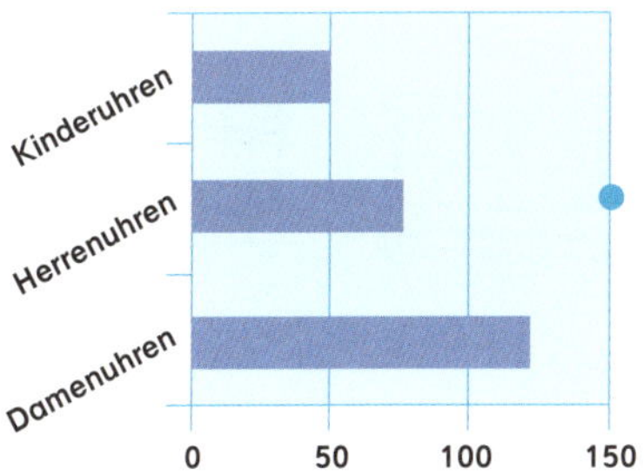

50	80	120

Runden

1 Bei welchen Ziffern wird aufgerundet,
bei welchen Ziffern wird abgerundet?
Male entsprechend an.

2 4 7 8 9 5 0 1 6 3

2 Die Detektive Willi und Billi haben gestohlene Säcke mit Münzen entdeckt. Runde auf Zehner.

3 Willi und Billi entdecken auch Kisten mit gestohlenen CDs. Runde auf Hunderter.

4

Zahl	173	694	48	757	395	982	504
gerundet auf Zehner							
gerundet auf Hunderter							

1 Rechne. Färbe die Ergebnisfelder mit Bleistift.

160 + 220 = ____	223 + ____ = 655	____ + 458 = 698
190 + 340 = ____	352 + ____ = 829	____ + 545 = 900
480 + 360 = ____	196 + ____ = 507	____ + 345 = 572
766 – 240 = ____	984 – ____ = 270	____ – 221 = 262
850 – 724 = ____	999 – ____ = 172	____ – 230 = 291
900 – 334 = ____	958 – ____ = 214	____ – 171 = 181

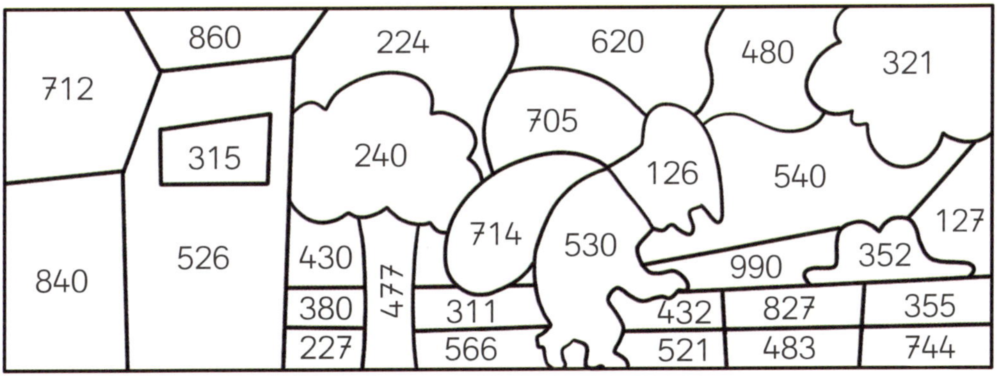

2 Verbinde Aufgabe und Überschlag.

426 – 238

186 + 123

316 + 378

687 – 156

400 – 200

457 + 392

732 – 341

450 + 400

700 – 150

245 + 279

300 + 400

200 + 100

250 + 300

700 – 300

Rechenwege – Addieren und Subtrahieren

1 Rechne auf deinem Weg.

254 + 37 = ______

635 + 58 = ______

346 + 25 = ______

133 + 805 = ______

645 + 220 = ______

956 – 37 = ______

455 – 72 = ______

753 – 280 = ______

836 – 108 = ______

1 **454 + 198**

454 + 200 = 654
654 − 2 = 652

Rechne geschickt.

346 + 297 = ______

199 + 653 = ______

686 − 290 = ______

877 − 198 = ______

2

+	143	354	664
298			

−	599	97	298
734			

3 Ist der Rechenweg richtig? Kreuze an.

365 + 199
365 + 200 = 565
565 + 1 = 566
☐ richtig ☐ falsch

864 − 397
864 − 400 = 464
464 + 3 = 467
☐ richtig ☐ falsch

1 Die beiden Detektive Schleich und Klein vergleichen die Uhrzeiten. Schleich hat eine Armbanduhr mit Stunden- und Minutenzeiger, die immer richtig geht. Klein muss die Uhrzeit auf seinem Mobiltelefon häufig korrigieren.

Schleich	**Klein**	Zeigt Detektiv Kleins Uhr die richtige Zeit? Falls nein, schreibe die richtige Uhrzeit auf.
		☐ ja ☐ nein ____ : ____ Uhr
		☐ ja ☐ nein ____ : ____ Uhr
		☐ ja ☐ nein ____ : ____ Uhr
		☐ ja ☐ nein ____ : ____ Uhr

2 Die beiden Detektive treffen sich nach $1\frac{1}{2}$ Stunden wieder. Wie spät ist es jetzt? Zeichne ein und schreibe auf.

	$+\ 1\frac{1}{2}$ →		
			____ : ____ Uhr
			____ : ____ Uhr
			____ : ____ Uhr
			____ : ____ Uhr

3 Was gehört zusammen? Verbinde.

15 Minuten •	• $1\frac{1}{2}$ Stunden
30 Minuten •	• $\frac{1}{4}$ Stunde
45 Minuten •	• $\frac{1}{2}$ Stunde
60 Minuten •	• $\frac{3}{4}$ Stunde
90 Minuten •	• 1 Stunde

4 Agentin Agathe beobachtet, dass sich der Verdächtige an drei Abenden mit einem Unbekannten zu geheimen Gesprächen trifft. Wie viele Stunden und Minuten dauern die Gespräche jeweils?

1. Abend	20:16 – 21:47 Uhr	_____ h _____ min
2. Abend	20:09 – 21:53 Uhr	_____ h _____ min
3. Abend	21:31 – 23:49 Uhr	_____ h _____ min

5 Agentin Agathe beschattet den Verdächtigen immer genau 8 Stunden und 15 Minuten lang. Um wie viel Uhr macht Agathe jeweils Feierabend?

Beginn der Verfolgung	Ende der Verfolgung
10:15 Uhr	__________ Uhr
20:27 Uhr	__________ Uhr
12:08 Uhr	__________ Uhr
23:56 Uhr	__________ Uhr

1 Welche Aussagen treffen auf die Körper zu?
Unterstreiche in entsprechender Farbe.

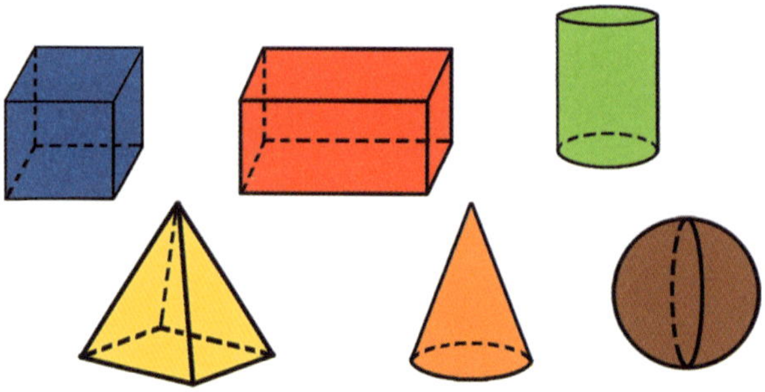

Ich bin der Quader.

Ich habe 5 Ecken.

Alle Kanten sind gleich lang.

Ich bin die Pyramide.

Ich habe 2 Flächen.

Ich kann rollen.

Ich bin der Würfel.

Ich habe 8 Ecken.

Ich habe 5 Flächen.

Ich habe 12 Kanten.

Ich habe keine Ecken.

Ich bin der Kegel.

Ich habe 6 Flächen.

Ich habe 3 Flächen.

Ich habe 2 Kanten.

Meine 6 Flächen sind quadratisch.

Je vier Kanten sind gleich lang.

Ich rolle, aber nicht geradeaus.

Meine gegenüberliegenden Flächen sind immer gleich groß.

Vier meiner Flächen sind dreieckig.

Ich kann gut geradeaus rollen.

Meine Flächen sind zwei gleich große Kreisflächen und ein Rechteck.

1 Kippe die Würfel in Pfeilrichtung und zeichne die fehlenden Würfelpunkte oder entsprechenden Zahlen.

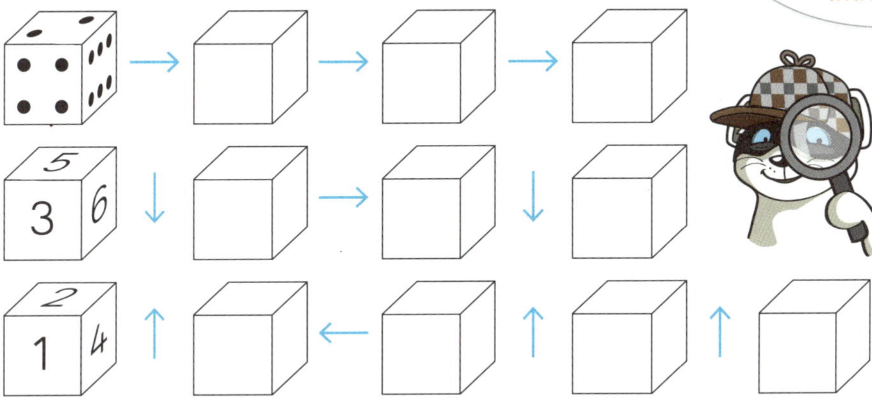

2 Beim gefalteten Würfel sollen gegenüberliegende Flächen die gleiche Farbe haben. Male entsprechend an.

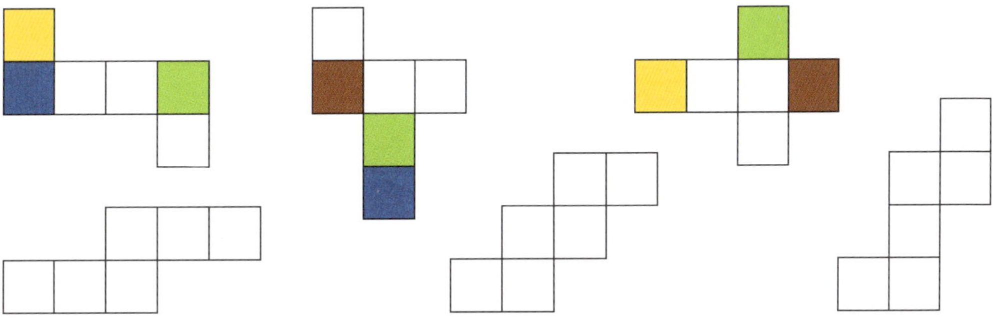

3 Welche gefalteten Würfel passen zu dem Netz? Kreuze an.

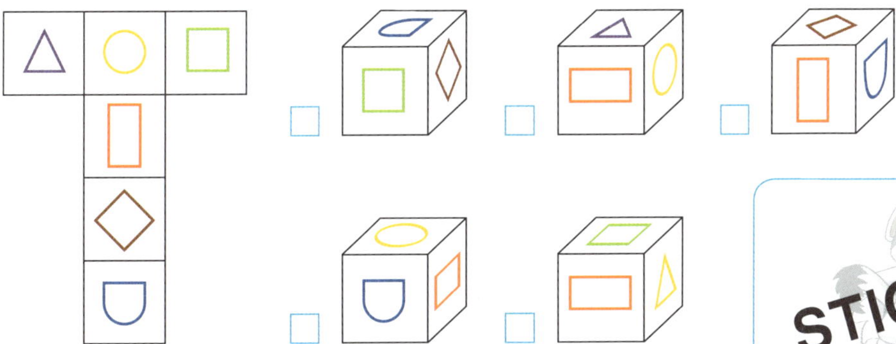

Rechne plus!

1

- 950 | 580 | ___ ; inside: 580, 370, 185 ; bottom: ___
- ___ | 227 | ___ ; inside: 227, 314, 545 ; bottom: ___
- 634 | 476 | ___ ; inside: 476, 245 ; bottom: ___
- 400 | 600 ; bottom: 400
- 800 | 1 000 ; bottom: 700
- 950 | 200 ; bottom: 850

Rechne mal!

2

- 105 | ___ ; inside: 7, 15, 12 ; bottom: ___
- ___ | ___ ; inside: 65, 8, 11 ; bottom: ___
- ___ | 65 ; inside: 32 ; bottom: 160
- 140 | 800 ; bottom: 280
- 750 | 900 ; bottom: 30
- 220 | 40 ; bottom: 352

3

- ___ | ___ ; bottom: ___
- ___ | ___ ; bottom: ___
- ___ | ___ ; bottom: ___

1

320 —(+ 40)— ◯ —(: 9)— ◯ —(– 24)— ◯ —(· 5)— 80

480 —(: 8)— ◯ —( )— 420 —(: 10)— ◯ —(· 3)— 126

72 —( )— 8 —( )— 560 —( )— 630 —( )— 70

80 —(· 8)— ◯ —(: 80)— ◯ —(· 16)— ◯ —(· 2)— 256

2

7 —(+)— ◯ —(·)— 60 —(–)— ◯ —(:)— 8

(·)

14 —(· 7)— ◯ —(–)— ◯ —(:)— 50 —(+)— ◯

3

5 —(·)— ◯ —(:)— ◯ —(·)— 12

40 —(·)— ◯ —(:)— ◯ —(:)— 10

280 —(:)— ◯ —(+)— ◯ —(·)— 56

1 waagerecht

a ist die Summe aus 76 und 68.
d ist eine Quadratzahl.
f ist das Doppelte von 425.
i ist die Differenz von 1000 und 592.
j so viele Tage haben 7 Wochen.
k ein Hunderter fehlt zu 2000.
l ist das Produkt aus 7 und 10.
m der Zehner ist um 3 größer als der Einer.
n ist um 16 größer als die Hälfte von 1000.
o ist die größte zweistellige Zahl.

a	b	c	■	d	e	■
■	f			■		g
h	■		■	i		
j		■	k			
l		■	m		■	■
■	n			■	o	

senkrecht

b ist die Hälfte von 96.
c ist das Zehnfache des Produktes aus 9 und 5.
e ist die kleinste vierstellige Zahl.
g enthält viermal so viele Zehner wie Hunderter.
h ist die Summe aus 258 und 89.
i ist um 5 weniger als die Hälfte von **e senkrecht**.
k es fehlen dann noch 814 an Tausend.

1 Löse das Logical und erfahre mehr über die Detektive.
Wann betreiben sie ihren Lieblingssport und welches ist ihr Lieblingsessen?
Lies die folgenden Aussagen genau durch und trage das Fehlende in die Tabelle ein.

Detektive	Schleich	Willi	Klein
Sport			
Trainingstag			
Lieblingsessen			

1. Ein Detektiv hat dienstags Training. Es ist aber nicht Schleich und auch nicht der Detektiv, der Handball spielt.
2. Detektiv Klein freut sich jeden Mittwoch auf sein Training.
3. Der Detektiv, dessen Lieblingsspeise Spaghetti sind, spielt gern Fußball.
4. Schleich trainiert immer zwei Wochentage nach seinem Kollegen Klein.
5. Willi isst für sein Leben gern Pizza.
6. Der Detektiv, der am liebsten Schnitzel isst, trainiert nicht am Freitag.
7. Wer spielt am liebsten Basketball?

In einem Juweliergeschäft wurde eingebrochen.
Die Detektive Schleich und Klein untersuchen den Tatort.

1 Auf dem Fußboden finden sie einen 50-Euro-Schein, einen 20-Euro-Schein, einen 10-Euro-Schein und fünf 1-Euro-Münzen.
Die Kasse ist leer.
Vor dem Einbruch befanden sich 870 Euro in der Kasse.

Frage: ______________________

Rechnung:

Antwort: ______________________

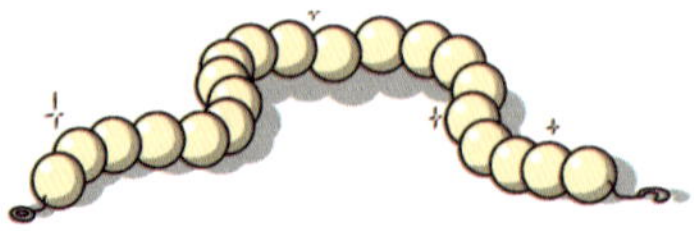

2 Aus dem 2 m hohen Lagerraum wurden Kisten mit Schmuck gestohlen. Jede Kiste ist 20 cm hoch und 1 m breit. An der 3 m langen Wand neben der Tür waren die Kisten vor dem Einbruch in drei Reihen nebeneinander bis zur Decke gestapelt.
Nun steht dort nur noch eine einzige Kiste.

Frage: Wie viele Kisten wurden gestohlen?

Rechnung:

Antwort: ______________________

Liebe Eltern, liebe Lehrerinnen und Lehrer,

die Zahlenzorro-Heftreihe bietet eine lehrwerksunabhängige Möglichkeit, die Lerninhalte des Faches Mathematik der Klassenstufen 1 bis 4 selbstständig zu üben und zu vertiefen. Differenzierend und selbsterklärend angelegt, eignen sich die Hefte als Zusatzmaterial im Unterricht, in Förder- und Fordergruppen oder auch für das Üben am Nachmittag.
Konzipiert auf drei verschiedenen Niveaustufen, kann je nach individuellem Lernstand und Bedürfnis der Schülerinnen und Schüler das entsprechende Heft ausgewählt werden. Jedes Heft deckt dabei die wesentlichen Lehrplaninhalte ab. So ist der Unterrichtsstoff einer Klassenstufe alternativ entweder als Basisheft, Förderheft oder Forderheft erhältlich:
Die **Basishefte** beinhalten den kompletten Lernstoff einer Klassenstufe. Ihre Aufgaben entsprechen vom Niveau einem normalen, mittleren Schwierigkeitsgrad. Gibt es zu einem Aufgabenbereich weiterführende, kniffligere Aufgaben, werden sie durch das Symbol der **„Zorro-Maske“** gekennzeichnet, welches dann vor der Aufgabe steht.
Die **Förderhefte** richten ihren Fokus auf die strukturierte Erarbeitung von Grundaufgaben, die verstärkt veranschaulicht werden sowie auf das gezielte Üben von Rechenwegen. Grundlegende Verfahren und Inhalte erhalten somit besonders viel Raum, wobei dennoch alle erforderlichen Lernbereiche abgedeckt werden. Auf anspruchsvolle und knifflige Zusatzaufgaben wird in diesen Heften aber verzichtet.
Die **Forderhefte** enthalten gezielt anspruchsvollere Aufgaben zum Weiterdenken und Knobeln und regen dadurch in besonderem Maß zum kreativen Problemlösen an. Sie verzichten auf das ausgiebige Erarbeiten kleinschrittiger Rechenwege und fordern die Kinder dazu heraus, den für sie und die jeweilige Aufgabe besten Weg zur Lösung selbst zu wählen und zu finden. Auch hier werden die verschiedenen Lerninhalte des Lehrplans behandelt, aber durchgehend auf einem erhöhten Niveau.

ZAHLENZORRO
Das Heft

Daumenkino-Aufkleber

S. 5

S. 7

S. 9

S. 11

S. 13

S. 15

S. 17

S. 19

S. 21

S. 23

S. 25

S. 27

S. 29

S. 31

S. 33

Lösungen zum Zahlenzorro Forderheft 3

1 Welche Aufgaben passen zum Bild? Kreuze sie an und rechne.

Ringe:
- ☐ 23 + 4 = 27
- ☒ 23 − 4 = 19
- ☐ 19 − 4 = 15
- ☒ 19 + 4 = 23

Armbanduhren:
- ☒ 9 + 18 = 27
- ☐ 8 + 9 = 17
- ☐ 18 + 19 = 37
- ☒ 18 + 9 = 27

Diebessack mit herausfallenden Goldmünzen
- ☐ 100 − 11 = 89
- ☐ 80 + 13 = 93
- ☐ 80 + 11 = 91
- ☒ 80 − 11 = 69

Stapel Goldmünzen:
- ☐ 25 + 7 = 32
- ☐ 32 + 7 = 39
- ☒ 32 − 7 = 25
- ☐ 32 − 17 = 15

Geldscheine und Münzen:
- ☐ 64€ + 3€ = 67€
- ☒ 64€ + 21€ = 85€
- ☐ 21€ − 64€ = ____
- ☐ 21€ − 12€ = 9€

Perlen:
- ☒ 3 · 10 = 30
- ☐ 3 · 7 = 21
- ☒ 5 · 10 = 50
- ☒ 8 · 10 = 80

2 Male die Edelsteine in zwei verschiedenen Farben an und schreibe passende Aufgaben.

(Zu den insgesamt 42 Edelsteinen im großen Sack können verschiedene Aufgaben gebildet werden.)

3 Welche Aufgaben findest du noch im Bild? Schreibe sie auf und rechne. (Es gibt verschiedene Lösungen, z.B.:)

100 − 13 = 87 (Diebessack mit Goldmünzen)
23 + 18 = 41 (Goldbarren)
6 + 8 = 14 (Halsketten)
14 + 5 + 6 = 25 (Ringe + Ohrhänger + Broschen)

4 Was wollten die Diebe noch stehlen? Male die Dinge in die Kiste und schreibe passende Aufgaben.

(Es gibt verschiedene Lösungen.)

1 Wie heißen die Lösungswörter?
Zu jedem Ergebnis gehört ein Buchstabe.

3	8	11	12	27	28	35	40	47	54	59	60	61	73	84	98
V	F	I	R	E	A	K	D	U	N	Z	O	H	B	T	L

14 + 26 = 40 D
80 − 53 = 27 E
100 − 16 = 84 T
3 · 9 = 27 E
77 − 42 = 35 K
50 + 34 = 84 T
67 − 56 = 11 I
15 : 5 = 3 V

4 · 10 = 40 D
96 − 85 = 11 I
42 − 15 = 27 E
65 + 8 = 73 B

80 − 21 = 59 Z
7 · 4 = 28 A
5 + 56 = 61 H
100 − 2 = 98 L
92 − 65 = 27 E
27 + 27 = 54 N
36 + 23 = 59 Z
23 + 37 = 60 O
6 · 2 = 12 R
71 − 59 = 12 R
10 · 6 = 60 O

2 Welche Zahl ist es?

Diese Zahl hat doppelt so viele Zehner wie Einer.
Sie ist größer als 70 und kleiner als 100: 84

Diese Zahl hat sechs Einer mehr als Zehner.
Sie ist gerade: 28

Diese Zahl hat zwei Zehner mehr als Einer.
Sie ist eine Quadratzahl: 64

3 Wie geht es weiter? Finde die Regeln.

14, 27, 40, 53, 66, 79, 92 — + 13
93, 78, 63, 48, 33, 18, 3 — − 15
5, 9, 18, 22, 44, 48, 96 — + 4 · 2

4 Kreuze alle Aufgaben an,
… deren Ergebnis 52 ist.

- ☐ 18 + 24
- ☒ 7 + 45
- ☒ 22 + 35 − 5
- ☒ 31 + 21
- ☐ 60 − 2
- ☐ 97 − 45 + 3
- ☐ 90 − 28
- ☒ 84 − 32
- ☒ 71 − 15 − 4

… deren Ergebnis kleiner als 37 ist.

- ☒ 57 − 30
- ☐ 70 − 33
- ☐ 96 − 60 + 6
- ☐ 15 + 23
- ☒ 9 + 25
- ☒ 29 + 27 − 25
- ☒ 81 − 54
- ☒ 14 + 19
- ☒ 82 − 45 − 4

5

35 (+ 42) 77 (− 23) 54 (− 15) 39 (+ 59) 98 (− 49) 49 (+ 32) 81 (− 21) 60 (+ 29) 89 (+ 11) 100 (− 57) 43 (+ 43) 86

8 (+ 45) 53 (−14) 39 (− 14) 25 (+ 57) 82 (− 16) 66 (+25) 91 (−87) 4 (+ 79) 83 (− 45) 38 (+ 19) 57 (− 18) 39

Rechne mal!

1

12	3	15	4	5	20
30	5	35	6	7	42
56	7	63	8	9	72
15	3	21	5	7	35
24	4	32	6	8	48
35	5	45	7	9	63

2

20	4	20	5	5	25
35	5	15	7	3	21
18	9	45	2	5	10
36	4	24	9	6	54
40	8	64	5	8	40
54	9	63	6	7	42

(Beispiellösungen:)

3

20	4	24	5	6	30
42	6	48	7	8	56
72	8	80	9	10	90

4 Finde passende Malaufgaben. Rechne aus.
(Beispiellösungen:)

Ergebnis: 16	Ergebnis: 24	Ergebnis: 42
8 · 2 = 16	3 · 8 = 24	7 · 6 = 42
4 · 4 = 16	8 · 3 = 24	6 · 7 = 42
2 · 8 = 16	4 · 6 = 24	14 · 3 = 42
1 · 16 = 16	6 · 4 = 24	3 · 14 = 42

Ergebnis: 56	Ergebnis: 36	Ergebnis: 45
1 · 56 = 56	6 · 6 = 36	5 · 9 = 45
56 · 1 = 56	4 · 9 = 36	9 · 5 = 45
7 · 8 = 56	9 · 4 = 36	3 · 15 = 45
8 · 7 = 56	18 · 2 = 36	15 · 3 = 45

5 Immer drei Aufgaben haben dasselbe Ergebnis.
Umrande sie in gleicher Farbe.

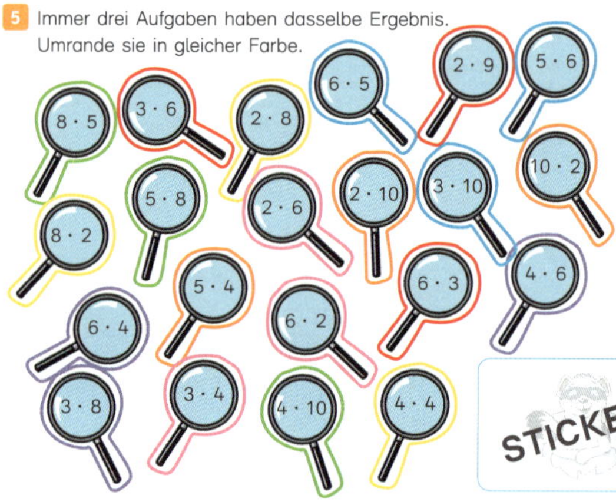

STICKE

1 Rechne die Geteiltaufgabe. Prüfe mit der Umkehraufgabe.

30 : 5 = 6, denn 6 · 5 = 30
24 : 8 = 3, denn 3 · 8 = 24
20 : 2 = 10, denn 10 · 2 = 20
36 : 6 = 6, denn 6 · 6 = 36

28 : 4 = 7, denn 7 · 4 = 28
56 : 7 = 8, denn 8 · 7 = 56
56 : 8 = 7, denn 7 · 8 = 56
81 : 9 = 9, denn 9 · 9 = 81

2 Finde alle Geteiltaufgaben. Rechne aus.

20	24	36
20 : 1 = 20	24 : 1 = 24	36 : 1 = 36
20 : 2 = 10	24 : 2 = 12	36 : 2 = 18
20 : 4 = 5	24 : 3 = 8	36 : 3 = 12
20 : 5 = 4	24 : 4 = 6	36 : 4 = 9
20 : 10 = 2	24 : 6 = 4	36 : 6 = 6
20 : 20 = 1	24 : 8 = 3	36 : 9 = 4
	24 : 12 = 2	36 : 12 = 3
	24 : 24 = 1	36 : 18 = 2
		36 : 36 = 1

25
25 : 1 = 25
25 : 5 = 5
25 : 25 = 1

3

Die fünf Diebe teilen ihre Beute gerecht auf.
Wie viele Gegenstände bleiben jeweils übrig?

36 Diamanten	36 : 5 = 7	Rest	1
45 Uhren	45 : 5 = 9	Rest	0
49 Ketten	49 : 5 = 9	Rest	4
55 Ringe	55 : 5 = 11	Rest	0
37 Silberteller	37 : 5 = 7	Rest	2
60 Goldmünzen	60 : 5 = 12	Rest	0

4 Welche Aufgaben lassen denselben Rest?
Umrande sie in derselben Farbe.

15 : 4 Rest 3	18 : 4 Rest 2	20 : 4	24 : 4	30 : 4
15 : 5 Rest 0	18 : 5	20 : 5	24 : 5	30 : 5
15 : 6	18 : 6	20 : 6	24 : 6	30 : 6
15 : 7 Rest 1	18 : 7 Rest 4	20 : 7 Rest 6	24 : 7	30 : 7

56 : 7	72 : 7	90 : 7
56 : 8	72 : 8	90 : 8
56 : 9	72 : 9	90 : 9
56 : 10	72 : 10	90 : 10

STICKE

1 Ergänze symmetrisch.

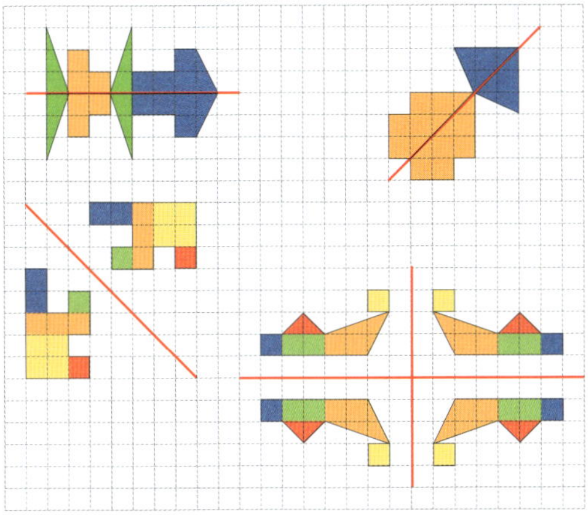

2 Zeichne alle Symmetrieachsen ein.

1 Vervollständige die Muster.

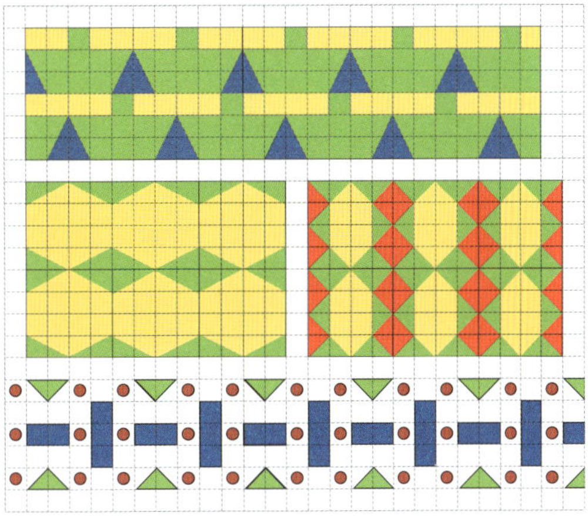

2 Die Detektive Willi und Billi entdecken auch Muster in den Zahlenfolgen. Setze fort.

2, 5, 9, 14, 20, 27, 35, 44, 54, 65

3, 6, 12, 24, 48, 96, 192, 384, 768, 1536

9, 18, 16, 25, 23, 32, 30, 39

1, 3, 6, 10, 15, 21, 28, 36

100, 81, 64, 49, 36, 25, 16, 9

99, 91, 85, 77, 71, 63, 57, 49

100, 91, 82, 73, 64, 55, 46, 37

(Es kann verschiedene Lösungen geben)

Auf dem Weg zur 1 000 gibt es 10 Hundertertafeln.

1 Welche Zahlen können es sein?

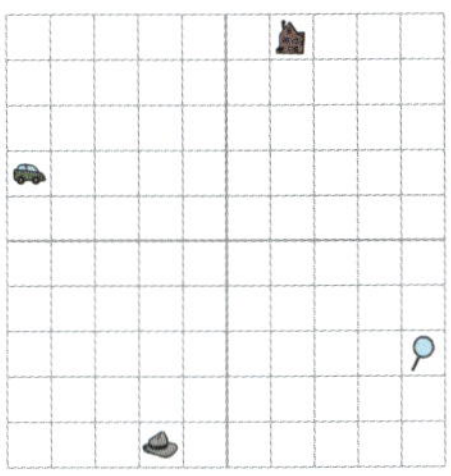

7, 107, 207, 307, 407, 507, 607, 707, 807, 907

31, 131, 231, 331, 431, 531, 631, 731, 831, 931

80, 180, 280, 380, 480, 580, 680, 780, 880, 980

94, 194, 294, 394, 494, 594, 694, 794, 894, 994

2 Wie heißen die Zahlen?

Die erste Zahl auf der dritten Hundertertafel: 201

Die vorletzte Zahl auf der siebten Tafel: 699

Die letzte Zahl der vierten Reihe auf der zehnten Tafel: 940

Die 24. Zahl auf der achten Tafel: 724

Die erste Zahl in der dritten Reihe der fünften Hundertertafel: 421

Die Zahl über der letzten Zahl der vierten Hundertertafel: 390

1 Folge den Pfeilen und notiere die Felder.

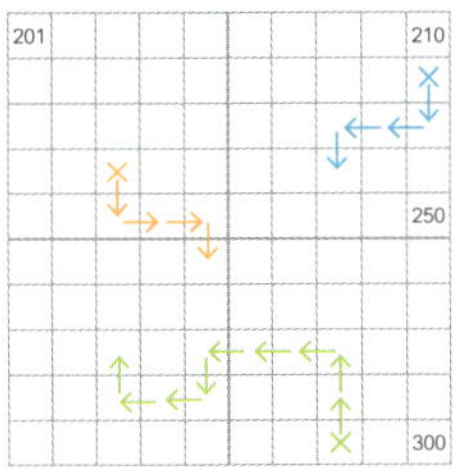

×	↓	←	←	↓
220	230	229	228	238
×	↓	→	→	↓
233	243	244	245	255
×	↑	↑	←	←
298	288	278	277	276
←	↓	←	←	↑
275	285	284	283	273

2 Detektiv Willi eilt zum Tatort. Spürhund Schnüff folgt den Spuren des Diebes bis zu dessen Versteck.

74 → → → ↓ ↓ → → ↑ ← 88

125 ↓ ↓ ↓ ← ← ← ↓ ↓ → 173

443 ← ← ↑ ↑ → ↑ 412

590 ↑ ↑ ↑ ↑ ← ↑ 539

700 ↑ ↑ ↑ ← ← 668

992 ← ↑ ↑ → ↑ → 963

666 → ↓ → ↓ → ↓ 699

1 Wie heißen die Zahlen?

7 H 8 Z 2 E	782	6 Z 2 E	62
3 Z 5 H	530	6 H 2 Z	620
9 E 4 Z 8 H	849	6 H 2 E	602
2 H 4 E 1 Z	214	6 E 2 Z 6 H	626

2 Wie heißt die dargestellte Zahl?

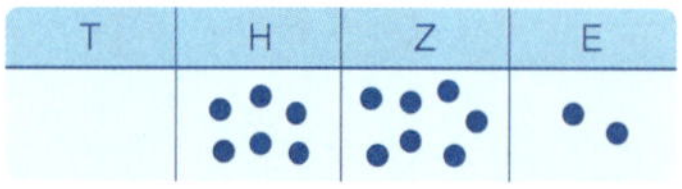

672

Immer ausgehend von dieser Zahl, sind neue Zahlen gesucht:

	Zahl
Verschiebe alle Plättchen der Zehner-Spalte nach rechts.	609
Lege 3 Plättchen der Hunderter-Spalte in die Einer-Spalte.	375
Verschiebe alle Plättchen eine Stelle nach links.	6 720
Lege 2 Plättchen der Hunderter-Spalte und 3 Plättchen der Zehner-Spalte in die Einer-Spalte.	447
Verschiebe aus jedem Feld zwei Plättchen nach links.	2 670
Lege aus jedem Feld ein Plättchen an die Tausenderstelle.	3 561
Lege alle Plättchen in die Hunderter-Spalte.	1 500
Lege die Plättchen des Einer-Feldes in das Tausender-Feld und alle anderen Plättchen in das Zehner-Feld.	2 130

1 Welche Zahl passt? Male entsprechend an.

50 100 150 200 250

100 200 250 350 400

100 250 300 600 750

2 Wie heißen die Zahlen?

212 231 259 280 305 332

743 764 791 818 839 861

3

Nachbar**zehner**			Nachbar**hunderter**		
170	173	180	100	173	200
540	549	550	500	549	600
60	64	70	0	64	100
790	797	800	700	797	800
400	401	410	900	933	1000

1 Die Detektive Schleich und Klein werden von ihren Auftraggebern bezahlt.

Schleich erhält 1 000 Euro.
Wie viele Scheine oder Münzen erhält er, wenn er

- nur 500-Euro-Scheine bekommt? 2 (Scheine)
- nur 50-Euro-Scheine bekommt? 20 (Scheine)
- nur 5-Euro-Scheine bekommt? 200 (Scheine)
- nur 50-Cent-Stücke bekommt? 2 000 (Münzen)
- nur 5-Cent-Stücke bekommt? 20 000 (Münzen)

Klein bekommt 200 €.
Wie viele Scheine oder Münzen erhält er, wenn er

- nur 20-Euro-Scheine bekommt? 10 (Scheine)
- nur 2-Euro-Stücke bekommt? 100 (Münzen)
- nur 20-Cent-Stücke bekommt? 1 000 (Münzen)
- nur 2-Cent-Stücke bekommt? 10 000 (Münzen)

Schleich bekommt nur 20-Cent-Stücke.
Wie viele Münzen erhält er?

Er erhält 5 000 Münzen.

Detektiv Klein bekommt 100 Euro als Anzahlung für einen neuen Auftrag.
Er bekommt keine Münzen und keinen 5-Euro-Schein.

Wie viele Scheine bekommt er mindestens? 1

Wie viele Scheine bekommt er höchstens? 10

Wie viele verschiedene Möglichkeiten gibt es?

1 · 100	50 + 20 + 20 + 10
2 · 50	50 + 20 + 10 + 10 + 10
5 · 20	50 + 10 + 10 + 10 + 10 + 10
10 · 10	50 + 20 + 20 + 20 + 10 + 10
	50 + 20 + 20 + 10 + 10 + 10 + 10

Es gibt 11 verschiedene Möglichkeiten.

Detektiv Schleich bekommt drei gleiche Geldscheine.

Wie viel Euro sind es mindestens? 15 €

Wie viel Euro sind es höchstens? 1 500 €

Wie viele verschiedene Möglichkeiten gibt es? 7

Detektiv Schleich bekommt drei verschiedene Geldscheine.

Wie viel Euro sind es mindestens?

35 €

Wie viel Euro sind es höchstens?

800 €

Wie viele verschiedene Möglichkeiten gibt es, wenn er auf jeden Fall einen 500-Euro-Schein und einen 5-Euro-Schein erhält?

Es gibt 5 verschiedene Möglichkeiten.

1 Hund Schnüff hat vor dem Kellerfenster Fußspuren entdeckt. Es waren mindestens zwei Einbrecher mit den Schuhgrößen 46 und 42.
Die 40 bereits gefassten Verdächtigen haben folgende Schuhgrößen:

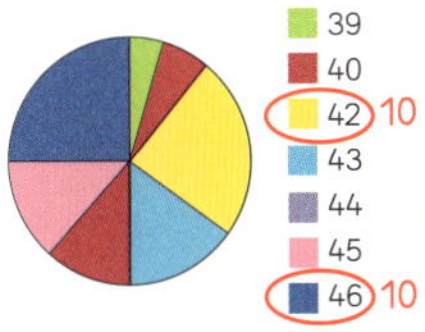

Wie viele der 40 bereits gefassten Verdächtigen kommen als Täter in Frage?

Antwort: Es kommen 20 Verdächtige als Täter in Frage.

2 Augenzeugen berichten, dass die Einbrecher mindestens 1,80 m groß waren.

Die 20 bereits gefassten Verdächtigen mit den Schuhgrößen 42 oder 46 sind so groß:

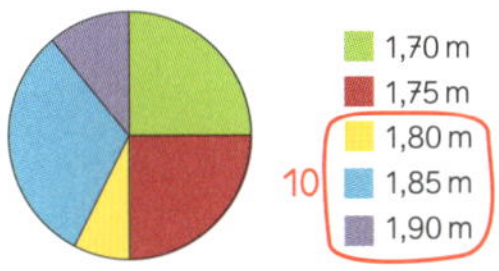

Es kommen 10 Personen als Täter in Frage.

3 Die Detektive Schleich und Klein haben den gestohlenen Schmuck gefunden.
Welche Tabelle gehört zu welchem Balkendiagramm?
Verbinde mit Linien.
Trage die Schmuckstücke passend in die Tabelle ein.

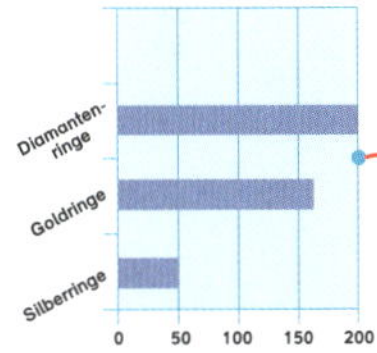

Perlenketten	Goldketten	Silberketten
500	120	60

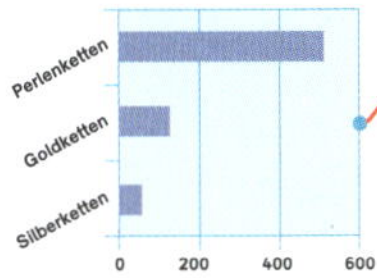

Diamantringe	Goldringe	Silberringe
200	160	50

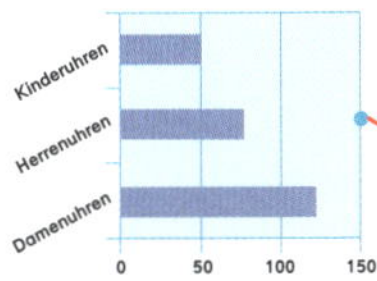

Kinderuhren	Herrenuhren	Damenuhren
50	80	120

1 Bei welchen Ziffern wird aufgerundet, bei welchen Ziffern wird abgerundet? Male entsprechend an.

2 7 4 8 9 5 0 1 6 3

2 Die Detektive Willi und Billi haben gestohlene Säcke mit Münzen entdeckt. Runde auf Zehner.

538	612	176	55	853	98	403
≈ 540	≈ 610	≈ 180	≈ 60	≈ 850	≈ 100	≈ 400

239	293	874	847	515	514	999
≈ 240	≈ 290	≈ 870	≈ 850	≈ 520	≈ 510	≈ 1000

3 Willi und Billi entdecken auch Kisten mit gestohlenen CDs. Runde auf Hunderter.

384	430	147	552	976
≈ 400	≈ 400	≈ 100	≈ 600	≈ 1000

178	69	751	263	850
≈ 200	≈ 100	≈ 800	≈ 300	≈ 900

4

Zahl	173	694	48	757	395	982	504
gerundet auf Zehner	170	690	50	760	400	980	500
gerundet auf Hunderter	200	700	0	800	400	1000	500

1 Rechne. Färbe die Ergebnisfelder mit Bleistift.

160 + 220 = 380
190 + 340 = 530
480 + 360 = 840

223 + 432 = 655
352 + 477 = 829
196 + 311 = 507

240 + 458 = 698
355 + 545 = 900
227 + 345 = 572

766 − 240 = 526
850 − 724 = 126
900 − 334 = 566

984 − 714 = 270
999 − 827 = 172
958 − 744 = 214

483 − 221 = 262
521 − 230 = 291
352 − 171 = 181

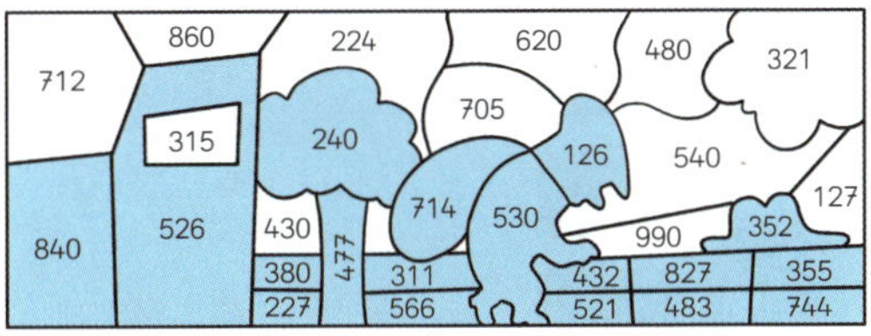

2 Verbinde Aufgabe und Überschlag.

426 − 238
186 + 123
316 + 378
687 − 156
400 − 200
732 − 341
457 + 392
450 + 400
700 − 150
245 + 279
300 + 400
200 + 100
250 + 300
700 − 300

1 Rechne auf deinem Weg.

254 + 37 = 291

635 + 58 = 693

346 + 25 = 371

133 + 805 = 938

645 + 220 = 865

956 – 37 = 919

455 – 72 = 383

753 – 280 = 473

836 – 108 = 728

1 **454 + 198**

454 + 200 = 654
654 – 2 = 652

Rechne geschickt.

346 + 297 = 643
346 + 300 = 646
646 – 3 = 643

199 + 653 = 852
200 + 653 = 853
853 – 1 = 852

686 – 290 = 396
686 – 300 = 386
386 + 10 = 396

877 – 198 = 679
877 – 200 = 677
677 + 2 = 679

2

+	143	354	664
298	441	652	962

–	599	97	298
734	135	637	436

3 Ist der Rechenweg richtig? Kreuze an.

365 + 199
365 + 200 = 565
565 + 1 = 566
☐ richtig ☒ falsch

864 – 397
864 – 400 = 464
464 + 3 = 467
☒ richtig ☐ falsch

1 Die beiden Detektive Schleich und Klein vergleichen die Uhrzeiten. Schleich hat eine Armbanduhr mit Stunden- und Minutenzeiger, die immer richtig geht. Klein muss die Uhrzeit auf seinem Mobiltelefon häufig korrigieren.

Schleich **Klein**

Zeigt Detektiv Kleins Uhr die richtige Zeit? Falls nein, schreibe die richtige Uhrzeit auf.

☐ ja ☒ nein 10 : 05 Uhr
☐ ja ☒ nein 08 : 55 Uhr
☐ ja ☒ nein 14 : 05 Uhr
☐ ja ☒ nein 21 : 00 Uhr

2 Die beiden Detektive treffen sich nach $1\frac{1}{2}$ Stunden wieder. Wie spät ist es jetzt? Zeichne ein und schreibe auf.

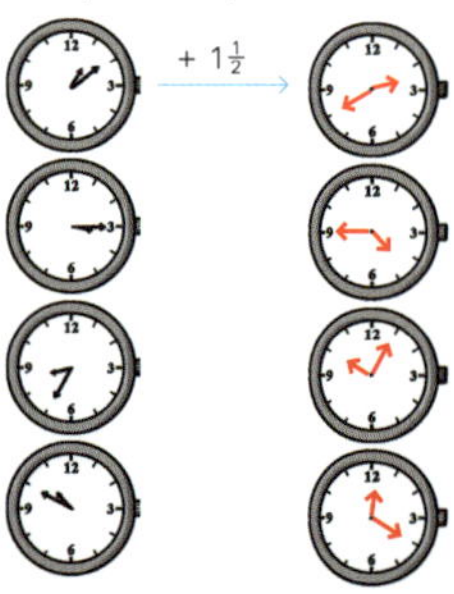

02 : 40 Uhr (14:40)
04 : 45 Uhr (16:45)
10 : 05 Uhr (22:05)
12 : 20 Uhr (0:20)

3 Was gehört zusammen? Verbinde.

15 Minuten	$1\frac{1}{2}$ Stunden
30 Minuten	$\frac{1}{4}$ Stunde
45 Minuten	$\frac{1}{2}$ Stunde
60 Minuten	$\frac{3}{4}$ Stunde
90 Minuten	1 Stunde

4 Agentin Agathe beobachtet, dass sich der Verdächtige an drei Abenden mit einem Unbekannten zu geheimen Gesprächen trifft. Wie viele Stunden und Minuten dauern die Gespräche jeweils?

1. Abend	20:16 – 21:47 Uhr	1 h 31 min
2. Abend	20:09 – 21:53 Uhr	1 h 44 min
3. Abend	21:31 – 23:49 Uhr	2 h 18 min

5 Agentin Agathe beschattet den Verdächtigen immer genau 8 Stunden und 15 Minuten lang. Um wie viel Uhr macht Agathe jeweils Feierabend?

Beginn der Verfolgung	Ende der Verfolgung
10:15 Uhr	18 : 30 Uhr
20:27 Uhr	04 : 42 Uhr
12:08 Uhr	20 : 23 Uhr
23:56 Uhr	08 : 11 Uhr

1 Welche Aussagen treffen auf die Körper zu? Unterstreiche in entsprechender Farbe.

Manchmal musst du mehrmals unterstreichen.

Ich bin der Quader.

Ich habe 5 Ecken.

Alle Kanten sind gleich lang.

Ich bin die Pyramide.

Ich habe 2 Flächen.

Ich kann rollen.

Ich bin der Würfel.

Ich habe 8 Ecken.

Ich habe 5 Flächen.

Ich habe 12 Kanten.

Ich habe keine Ecken.

Ich bin der Kegel.

Ich habe 6 Flächen.

Ich habe 3 Flächen.

Ich habe 2 Kanten.

Meine 6 Flächen sind quadratisch.

Je vier Kanten sind gleich lang.

Ich rolle, aber nicht geradeaus.

Meine gegenüberliegenden Flächen sind immer gleich groß.

Vier meiner Flächen sind dreieckig.

Ich kann gut geradeaus rollen.

Meine Flächen sind zwei gleich große Kreisflächen und ein Rechteck.

1 Kippe die Würfel in Pfeilrichtung und zeichne die fehlenden Würfelpunkte oder entsprechenden Zahlen.

Die Summe gegenüberliegender Augenzahlen ist immer 7.

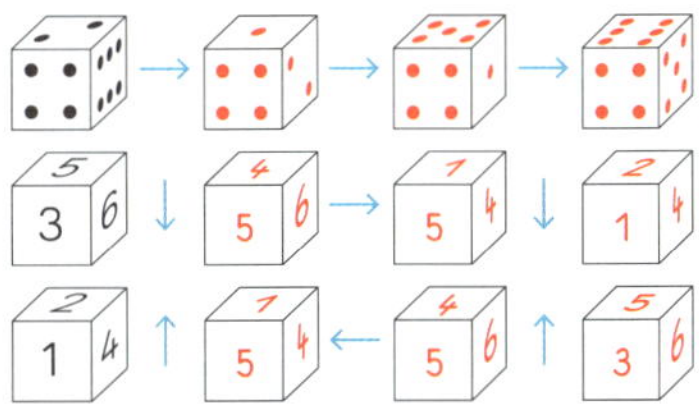

2 Beim gefalteten Würfel sollen gegenüberliegende Flächen die gleiche Farbe haben. Male entsprechend an.

3 Welche gefalteten Würfel passen zu dem Netz? Kreuze an.

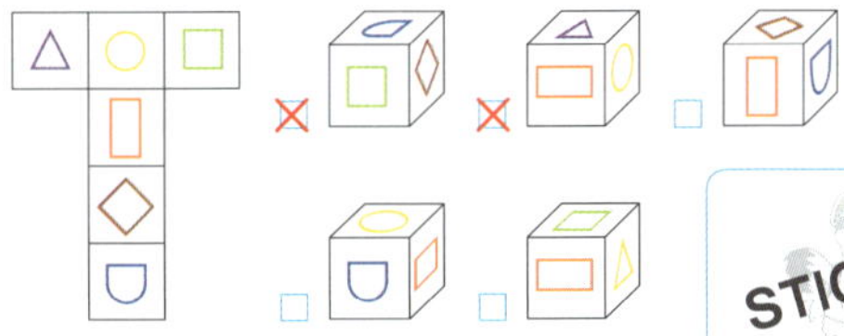

Rechne plus!

1

links	oben	rechts	unten links	unten rechts	unten
950	580	765	370	185	555
541	227	772	314	545	859
634	476	721	158	245	403
400	300	600	100	300	400
800	550	1 000	250	450	700
950	150	200	800	50	850

Rechne mal!

2

links	oben	rechts	unten links	unten rechts	unten
105	7	84	15	12	180
520	65	715	8	11	88
416	13	65	32	5	160
140	20	800	7	40	280
750	150	900	5	6	30
220	5	40	44	8	352

(Beispiellösungen:)

3

links	oben	rechts	unten links	unten rechts	unten
210	7	63	30	9	270
66	22	220	3	10	30
90	45	360	2	8	16

1

320 —(+ 40)→ 360 —(: 9)→ 40 —(− 24)→ 16 —(· 5)→ 80

480 —(: 8)→ 60 —(· 7)→ 420 —(: 10)→ 42 —(· 3)→ 126

72 —(: 9)→ 8 —(· 70)→ 560 —(+70)→ 630 —(: 9)→ 70

80 —(· 8)→ 640 —(: 80)→ 8 —(· 16)→ 128 —(· 2)→ 256

2 (Beispiellösung:)

7 —(+ 3)→ 10 —(· 6)→ 60 —(− 4)→ 56 —(: 7)→ 8 —(· 6)→ 48 —(+ 2)→ 50 —(: 10)→ 5 —(− 3)→ 2 —(· 7)→ 14

3 (Beispiellösungen:)

5 —(· 12)→ 60 —(: 20)→ 3 —(· 4)→ 12

40 —(· 8)→ 320 —(: 16)→ 20 —(: 2)→ 10

280 —(: 28)→ 10 —(+60)→ 70 —(· 8)→ 56

1 waagerecht

a ist die Summe aus 76 und 68.
d ist eine Quadratzahl.
f ist das Doppelte von 425.
i ist die Differenz von 1 000 und 592.
j so viele Tage haben 7 Wochen.
k ein Hunderter fehlt zu 2 000.
l ist das Produkt aus 7 und 10.
m der Zehner ist um 3 größer als der Einer.
n ist um 16 größer als die Hälfte von 1 000.
o ist die größte zweistellige Zahl.

a 1	b 4	c 4	■	d 8	e 1	■
■	f 8	5	0	■	0	g 2
h 3	■	0	■	i 4	0	8
j 4	9	■	k 1	9	0	0
l 7	0	■	m 8	5	■	■
■	n 5	1	6	■	o 9	9

senkrecht

b ist die Hälfte von 96.
c ist das Zehnfache des Produktes aus 9 und 5.
e ist die kleinste vierstellige Zahl.
g enthält viermal so viele Zehner wie Hunderter.
h ist die Summe aus 258 und 89.
i ist um 5 weniger als die Hälfte von **e senkrecht**.
k es fehlen dann noch 814 an Tausend.

1 Löse das Logical und erfahre mehr über die Detektive.
Wann betreiben sie ihren Lieblingssport und welches ist ihr Lieblingsessen?
Lies die folgenden Aussagen genau durch und trage das Fehlende in die Tabelle ein.

Detektive	Schleich	Willi	Klein
Sport	Fußball	Basketball	Handball
Trainingstag	Freitag	Dienstag	Mittwoch
Lieblingsessen	Spaghetti	Pizza	Schnitzel

1. Ein Detektiv hat dienstags Training. Es ist aber nicht Schleich und auch nicht der Detektiv, der Handball spielt.
2. Detektiv Klein freut sich jeden Mittwoch auf sein Training.
3. Der Detektiv, dessen Lieblingsspeise Spaghetti sind, spielt gern Fußball.
4. Schleich trainiert immer zwei Wochentage nach seinem Kollegen Klein.
5. Willi isst für sein Leben gern Pizza.
6. Der Detektiv, der am liebsten Schnitzel isst, trainiert nicht am Freitag.
7. Wer spielt am liebsten Basketball?
Willi

In einem Juweliergeschäft wurde eingebrochen.
Die Detektive Schleich und Klein untersuchen den Tatort.

1 Auf dem Fußboden finden sie einen 50-Euro-Schein, einen 20-Euro-Schein, einen 10-Euro-Schein und fünf 1-Euro-Münzen. Die Kasse ist leer.
Vor dem Einbruch befanden sich 870 Euro in der Kasse.

Frage: Wie viel Geld wurde gestohlen?
Rechnung:

50 € + 20 € + 10 € + 5 € = 85 €
870 € – 85 € = 785 €

Antwort: Es wurden 785 € gstohlen.

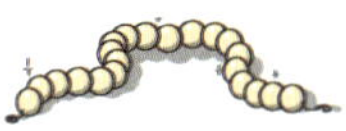

2 Aus dem 2 m hohen Lagerraum wurden Kisten mit Schmuck gestohlen. Jede Kiste ist 20 cm hoch und 1 m breit. An der 3 m langen Wand neben der Tür waren die Kisten vor dem Einbruch in drei Reihen nebeneinander bis zur Decke gestapelt.
Nun steht dort nur noch eine einzige Kiste.

Frage: Wie viele Kisten wurden gestohlen?
Rechnung:

10 · 3 = 30
30 – 1 = 29

Antwort: Es wurden 29 Kisten gestohlen.

3 Die Detektive Schleich und Klein haben genau 27 Minuten bis zum Tatort gebraucht. Der Einbruch wurde um 23:30 Uhr gemeldet. Jetzt ist es 02:15 Uhr.

Frage: Wie lange sind die Detektive schon am Tatort?
Rechnung:

23 : 30 Uhr —27 min→ 23 : 57 Uhr
23 : 57 Uhr —2 h 18 min→ 02 : 15 Uhr

Antwort: Die Detektive sind schon 2 h 18 min am Tatort.

4 Die Einbrecher haben bei ihrer Flucht ein Drittel der im Hof geparkten Autos beschädigt.
Im Hof gibt es 20 Parkplätze. Ein Viertel der Parkplätze war leer, als die Einbrecher geflohen sind.

Frage: Wie viele Autos wurden beschädigt?
Rechnung:

Antwort: Es wurden 5 Autos beschädigt.

5 Die 40-jährige Nachbarin Frau Meier berichtet, dass der Bruder ihres Cousins Marvin einen der Täter gesehen hat. Er schätzt, dass der Täter doppelt so alt ist wie Marvin. Marvins Bruder ist 11 Jahre älter als Marvin und damit halb so alt wie Frau Meier.

Der Täter ist vermutlich 18 Jahre alt.

1

725 + 138 = 863 | 482 + 269 = 751 | 593 + 228 = 821

318 + 154 + 223 = 695 | 164 + 443 + 192 = 799 | 428 + 67 + 326 = 821 | 47 + 203 + 185 = 435 | 631 + 175 + 38 = 844

2 Richtig oder falsch? Kreuze an. Verbessere falsche Aufgaben.

- [x] richtig [ ] falsch — 284 + 157 = 441
- [x] richtig [ ] falsch — 358 + 339 = 697
- [ ] richtig [x] falsch — 428 + 285 = 703 → 428 + 285 = 713
- [ ] richtig [x] falsch — 218 + 181 = 409 → 218 + 181 = 399
- [ ] richtig [x] falsch — 425 + 138 = 553 → 425 + 138 = 563

3 Trage die fehlenden Ziffern ein.

325 + 154 = 479 | 512 + 271 = 783 | 164 + 724 = 888 | 332 + 315 = 647 | 251 + 131 = 382

326 + 417 = 743 | 364 + 278 = 642 | 34 + 857 = 891 | 273 + 427 = 700 | 363 + 548 = 911

1

925 − 517 = 408 | 343 − 161 = 182 | 512 − 356 = 156 | 239 − 82 = 157 | 683 − 494 = 189

620 − 157 = 463 | 809 − 276 = 533 | 408 − 279 = 129 | 756 − 508 = 248 | 374 − 206 = 168

2 Trage die fehlenden Ziffern ein.

731 − 321 = 410 | 583 − 131 = 452 | 479 − 203 = 276 | 928 − 317 = 611 | 868 − 736 = 132

871 − 628 = 243 | 691 − 456 = 235 | 527 − 333 = 194 | 712 − 204 = 508 | 222 − 155 = 67

477 − 284 = 193 | 615 − 244 = 371 | 751 − 167 = 584 | 955 − 647 = 308 | 204 − 097 = 107

3 Setze fort.

727 − 54 = 673 | 747 − 154 = 593 | 767 − 254 = 513

787 − 354 = 433 | 807 − 454 = 353 | 827 − 554 = 273

STICKER

1 Reicht das Geld? Überschlage.

	ja	nein
1	X	
2	X	
3		X
4	X	
5		X
6	X	

2 Welcher Überschlag passt? Kreuze an.

19,95 € + 23,80 €
- [x] 20 € + 24 €
- [ ] 10 € + 20 €

12,85 € − 3,42 €
- [ ] 20 € − 5 €
- [x] 13 € − 3 €

144,90 € − 14,95 €
- [ ] 40 € − 20 €
- [x] 145 € − 15 €

7,75 € + 21,85 €
- [x] 8 € + 22 €
- [ ] 5 € + 85 €

31,25 € + 18,65 €
- [x] 30 € + 20 €
- [ ] 35 € + 29 €

85,24 € − 17,65 €
- [ ] 86 € − 18 €
- [x] 85 € − 18 €

1

24,95 € + 3,87 € = 28,82 € | 44,75 € − 16,29 € = 28,46 € | 2,85 € + 19,78 € = 22,63 € | 36,90 € − 18,65 € = 18,25 €

2 Überschlage im Kopf. Markiere und rechne alle Aufgaben, deren Ergebnis größer als 30 € ist.

- [x] 12,08 € + 19,47 €
- [ ] 18,15 € + 4,58 €
- [ ] 50,10 € − 28,49 €
- [x] 75,94 € − 43,19 €
- [ ] 7,63 € + 16,03 €
- [ ] 47,35 € − 28,75 €
- [ ] 192,05 € − 168,49 €
- [x] 19,85 € + 14,63 €

12,08 € + 19,47 € = 31,55 € | 75,94 € − 43,19 € = 32,75 € | 19,85 € + 14,63 € = 34,48 €

3

32,59 € + 27,15 € + 13,48 € = 73,22 € | 204,98 € + 157,80 € + 96,55 € = 459,33 €

368,06 € + 80,73 € + 109,08 € = 557,87 € | 78,62 € + 354,09 € + 185,67 € = 618,38 €

STICKER

1 Der Dieb versucht, ein Fahrrad zu stehlen. Es ist mit einem Zahlenschloss gesichert.

Der Dieb konnte beobachten, dass der Besitzer die Ziffern 2, 6 und 8 benutzt hat, jede ein Mal. Welche Möglichkeiten gibt es mit diesen drei Ziffern?

268 | 286 | 628 | 682 | 826 | 862

Wenn der Dieb nur die Ziffern 2 und 6 gesehen hätte, wären es insgesamt 60 Möglichkeiten.

2 6 ? 10 Möglichkeiten
6 2 ? 10 Möglichkeiten
2 ? 6 10 Möglichkeiten
6 ? 2 10 Möglichkeiten
? 2 6 10 Möglichkeiten
? 6 2 10 Möglichkeiten

Wenn er nur die Ziffer 2 gesehen hätte, wären es insgesamt 300 Möglichkeiten.

2 ? ? 100 Möglichkeiten
? 2 ? 100 Möglichkeiten
? ? 2 100 Möglichkeiten

2 Agentin Agathe möchte ihr Fahrrad mit einem Ziffernschloss sichern.

Wie viele Möglichkeiten hat Agathe, um eine Ziffernkombination auszusuchen?

Agathe hat 1 000 Möglichkeiten.

An der ersten Stelle möchte Agathe eine 8 einstellen. Wie viele Möglichkeiten hat sie jetzt noch?

Jetzt hat sie noch 100 Möglichkeiten.

800
801
802
803
....

An zweiter Stelle soll nun eine 1 oder eine 7 stehen.

Dann hat sie noch 20 Möglichkeiten.

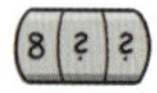

810	870
811	871
812	872
813	873
814	874
...	...

1 Detektiv Willi übernimmt einen neuen Fall und möchte sich schick machen. Er hat drei Mützen, zwei Mäntel und zwei Brillen zur Auswahl.

Welche Möglichkeiten hat Willi, sich anzuziehen?

Wie viele Möglichkeiten hätte Willi, wenn er nur zwei Mützen, zwei Mäntel und zwei Brillen hätte?

Willi hätte dann acht Möglichkeiten.
$(2 \cdot 2 \cdot 2 = 8)$

Wie viele Möglichkeiten hätte Willi, wenn er zwei Mützen, vier Mäntel und drei Brillen hätte?

Willi hätte 24 Möglichkeiten.
$(2 \cdot 4 \cdot 3 = 24)$

2 Heute regnet es. Willi besitzt zwei Regenschirme. Wie viele Möglichkeiten hat er jetzt insgesamt?

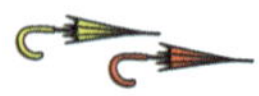

Willi hat 24 Möglichkeiten.

$3 \cdot 2 \cdot 2 \cdot 2 = 24$

Billi schenkt Willi noch einen roten Schirm. Willi möchte sich nun jeden Tag anders anziehen. Immer möchte er eine Mütze, einen Mantel, eine Brille und einen Schirm tragen.
Am wievielten Tag wiederholt sich seine Zusammenstellung zum ersten Mal?

Am 37. Tag wiederholt sich seine Zusammenstellung zum ersten Mal.

$3 \cdot 2 \cdot 2 \cdot 3 = 36$
$36 + 1 = 37$

1 Spürhund Schnüff ist auf der Suche nach den passenden Rechenzeichen. Setze ein.

+ − · :

7 (+) 4 (−) 6 (−) 2 = 3
7 (−) 4 (+) 6 (+) 2 = 11
7 (·) 4 (−) 6 (−) 2 = 20
7 (·) 4 (+) 6 (+) 2 = 36
7 (+) 4 (−) 6 (:) 2 = 8
7 (·) 4 (+) 6 (·) 2 = 40
7 (+) 4 (·) 6 (+) 2 = 33
7 (−) 4 (−) 6 (:) 2 = 0

Punktrechnung geht vor Strichrechnung.

2 Mit deiner Hilfe wollen die Detektive Willi und Billi dem Rätsel auf die Spur kommen. Jedes Symbol steht für eine bestimmte Ziffer. Schreibe die Aufgaben.

1 · 1 = 1
1 + 1 = 2
12 + 12 = 24
120 : 2 = 60
8 · 8 = 64
200 : 4 = 50
3 · 33 = 99
49 : 7 = 7

1	5	8	2	7	6	9	3	4	0

3 Agentin Agathe konnte die 26 gestohlenen Perlen sicherstellen. Von den Perlen sind 20 nicht weiß, 25 sind nicht grün und fünf Perlen sind blau. Es gibt zwei gelbe Perlen mehr als weiße. Wie viele Perlen sind rosa?

(Beispiellösung:)

26 − 20 = 6 (weiß)
26 − 25 = 1 (grün)
6 + 2 = 8 (gelb)
26 − 6 − 1 − 5 − 8 = 6 (rosa)

weiß: 6 grün: 1 blau: 5 gelb: 8 rosa: 6

4 Sudoku

6	7	3	2	9	5	1	4	8
8	2	5	1	4	6	9	3	7
4	1	9	3	8	7	2	6	5
5	6	2	7	3	8	4	1	9
3	8	4	9	2	1	5	7	6
1	9	7	6	5	4	3	8	2
9	4	1	8	6	2	7	5	3
7	3	6	5	1	9	8	2	4
2	5	8	4	7	3	6	9	1

In jeder Reihe, in jeder Spalte und in jedem Kästchenfeld muss jede Zahl von 1 bis 9 einmal stehen.

STICKER

1 Hier siehst du, auf welche Weise die Detektive Schleich und Klein im letzten halben Jahr die Verdächtigen verfolgt haben:

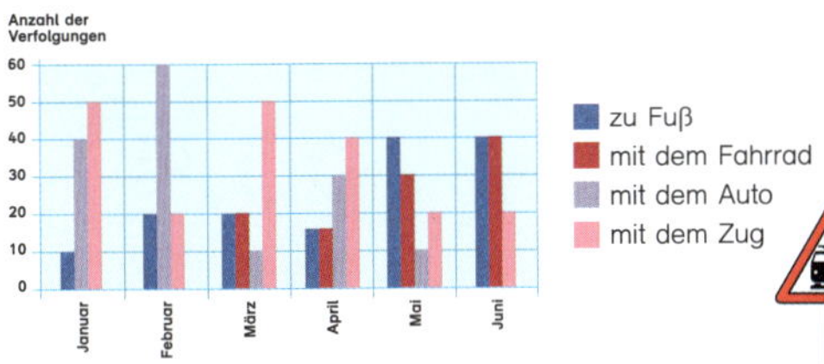

Im Januar fuhren die Detektive am häufigsten mit dem Zug.

Im Februar fuhren die Detektive am häufigsten mit dem Auto.

Im März fuhren die Detektive am häufigsten mit dem Zug.

Im April fuhren die Detektive am häufigsten mit dem Zug.

Im Mai legten die Detektive die meisten Wege zu Fuß zurück.

Im Juni legten die Detektive 40 Wege zu Fuß und genauso viele mit dem Fahrrad zurück.

In diesen Monaten fuhren die Detektive gar nicht mit dem Fahrrad: Januar und Februar

In diesen Monaten legten die Detektive 20 Wege mit dem Zug zurück: Februar, Mai, Juni

In diesen Monaten legten die Detektive 20 Wege zu Fuß zurück: Februar, März

Im Juni fuhren die Detektive gar nicht mit dem Auto.

Was denkst du, warum die Detektive im Januar und Februar gar nicht mit dem Fahrrad fuhren? (Beispiellösung:)
Ich vermute, dass die Detektive im Januar und Februar nicht mit dem Fahrrad fuhren, weil es zu kalt war und Schnee lag.

Was denkst du, warum die Detektive im Mai und Juni so viele Wege zu Fuß oder mit dem Fahrrad zurücklegten?
Weil schönes und warmes Wetter war.

2 Denke an die Wege, die du in der vergangenen Woche zurückgelegt hast. Schätze, wie häufig du jedes Verkehrsmittel benutzt hast: (Beispiellösung:)

Fahrrad 5 x
Auto 5 x
Bus 1 x

Wie oft hast du Wege zu Fuß zurückgelegt?
3 x

STICKER

Agentin Agathe soll einen Fall lösen. Ein Besucher des Jahrmarkts fühlt sich betrogen. Er wollte Glücksrad D drehen. Da dieses besetzt war, ließ der Budenbesitzer ihn Glücksrad B drehen. Er sagte, dies hätte ja auch zwei Felder von jeder Farbe.

1 Ist der Besucher betrogen worden? Begründe.

Ja, er wurde betrogen. Bei Glücksrad B sind die grünen Felder kleiner. Daher ist es unwahrscheinlicher einen Hauptgewinn zu erhalten.

2 Setze das richtige Wort ein.

sicher | wahrscheinlich | unwahrscheinlich | unmöglich

Bei Glücksrad D ist es unwahrscheinlich, Rot zu treffen.

Bei Glücksrad A ist es sicher, einen Gewinn zu erhalten.

Bei Glücksrad C ist es unmöglich, einen Hauptgewinn zu erhalten.

Es ist wahrscheinlich, bei Glücksrad B einen Kleingewinn zu erhalten.

Es ist unmöglich, bei Glücksrad D keinen Gewinn zu erhalten.

3 Färbe die drei Glücksräder so:

(Beispiellösungen:)

Es ist **wahrscheinlich**, ein grünes Feld und **unmöglich**, ein rotes Feld zu treffen.

Es ist **sicher**, kein blaues und **wahrscheinlich**, ein gelbes Feld zu treffen.

Es ist **unwahrscheinlich**, ein gelbes Feld und **nicht sicher**, ein blaues Feld zu treffen.

4

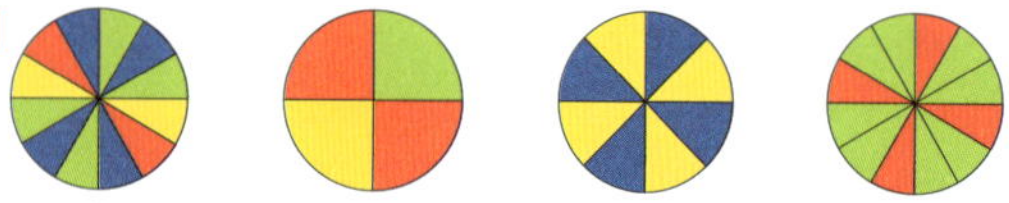

Rot gewinnt Bei Glücksrad D ist die Chance zu gewinnen doppelt so hoch wie bei Glücksrad A.

Grün gewinnt Bei Glücksrad A ist die Chance zu verlieren doppelt so hoch wie die Chance zu gewinnen.

Blau gewinnt Bei Glücksrad C ist die Gewinnchance höher als bei A, weil 4 von 8 Feldern blau sind und bei A nur 4 von 12.

(Auf dieser Seite sind unterschiedliche Lösungen möglich, zum Beispiel:)

1 Schätze. Wie viele Punkte sind es ungefähr? Wie rechnest du?

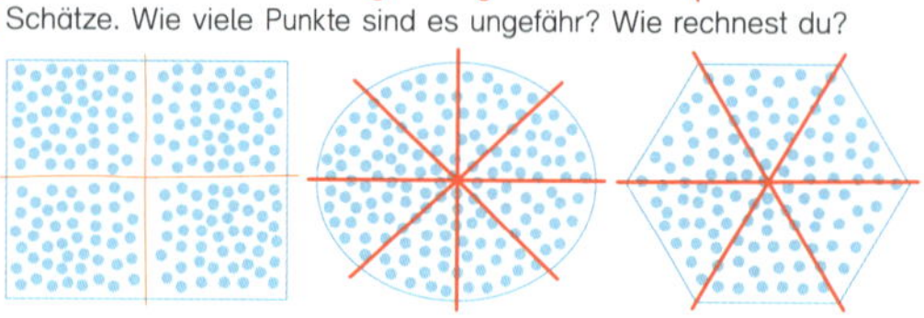

ungefähr: 200	ungefähr: 160	ungefähr: 120
Mein Lösungsweg: In jedem Feld sind ungefähr 6 · 8 = 48 Punkte, also ungefähr 50 Punkte.	Mein Lösungsweg: In jedem Feld sind ungefähr 20 Punkte.	Mein Lösungsweg: In jedem Feld sind ungefähr 20 Punkte.
4 · 50 = 200	8 · 20 = 160	6 · 20 = 120

2 Schätze. Wie viele Perlen sind ungefähr in jedem Glas? Wie rechnest du?

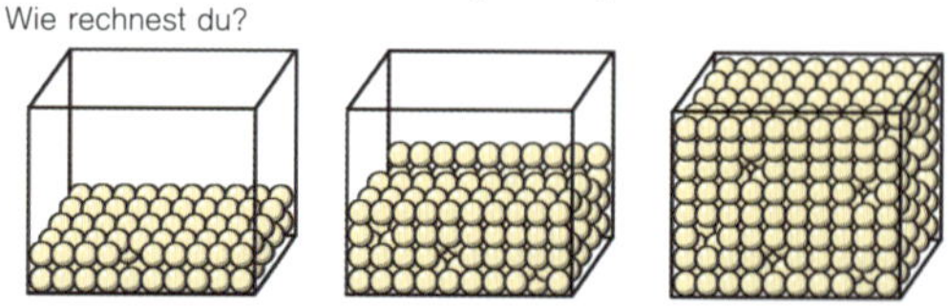

ungefähr: 100	ungefähr: 210	ungefähr: 400
Mein Lösungsweg:	Mein Lösungsweg:	Mein Lösungsweg:
10 · 5 = 50	10 · 5 = 50	10 · 5 = 50
50 + 50 = 100	4 · 50 = 200	8 · 50 = 400
	200 + 10 = 210	

1 Welche Rechnungen stimmen? Kreuze an.

7 · 5 + 3 = 38 ☒	9 · 6 − 4 = 18 ☐
6 + 4 · 8 = 80 ☐	60 − 4 · 9 = 24 ☒
20 : 5 + 5 = 2 ☐	24 : 6 − 3 = 1 ☒
30 + 12 : 3 = 34 ☒	86 − 16 : 4 = 82 ☒

2

4 + 7 · 5 = 39	6 + 6 · 6 = 42	60 − 4 · 5 = 40
9 · 4 + 8 = 44	8 + 4 · 3 = 20	4 · 5 − 20 = 0
6 · 8 + 7 = 55	5 · 5 + 8 = 33	10 · 8 − 7 = 73
5 + 8 · 8 = 69	4 · 7 + 5 = 33	30 − 2 · 8 = 14
16 : 4 + 9 = 13	63 + 9 : 3 = 66	80 : 8 − 6 = 4
8 + 15 : 3 = 13	60 : 6 + 4 = 14	18 − 9 : 9 = 17
49 : 7 + 7 = 14	44 + 4 : 4 = 45	40 − 40 : 10 = 36
7 + 49 : 7 = 14	9 + 12 : 4 = 12	36 : 9 − 2 = 2

3 <, > oder = ? Setze richtig ein.

45 : 5 + 10 = 21 : 7 + 16	80 : 2 − 24 > 54 : 6 − 2
55 + 4 · 8 < 3 · 9 + 66	42 − 4 · 6 = 8 · 9 − 54
36 : 4 + 27 > 5 · 8 − 12	67 − 4 · 11 < 23 + 36 : 3

1 Rechne auf deinem Weg.

8 · 41 = 328

7 · 39 = 273

3 · 124 = 372

2 · 449 = 898

2 Wo ist der Fehler im Rechenweg? Kreuze an. Rechne richtig.

5 · 24 =	
5 · 20 = 120	☒
5 · 4 = 20	☐
120 + 20 = 140	☐

5 · 24 = 120
5 · 20 = 100
5 · 4 = 20
100 + 20 = 120

6 · 54 =	
6 · 50 = 300	☐
6 · 4 = 26	☒
300 + 26 = 326	☐

6 · 54 = 324
6 · 50 = 300
6 · 4 = 24
300 + 24 = 324

1 Rechne auf deinem Weg.

96 : 8 = 12

78 : 3 = 26

126 : 3 = 42

378 : 6 = 63

2 Wo ist der Fehler im Rechenweg? Kreuze an. Rechne richtig.

172 : 4 =	
160 : 4 = 80	☒
12 : 4 = 3	☐
80 + 3 = 83	☐

172 : 4 = 43
160 : 4 = 40
12 : 4 = 3
40 + 3 = 43

216 : 3 =	
21 : 3 = 7	☒
6 : 3 = 2	☐
7 + 2 = 9	☐

216 : 3 = 72
210 : 3 = 70
6 : 3 = 2
70 + 2 = 72

195 : 5 =	
200 : 5 = 40	☐
5 : 5 = 1	☐
40 + 1 = 41	☒

195 : 5 = 39
200 : 5 = 40
40 – 1 = 39

STICKER

1 Agentin Agathe verfolgt den Verdächtigen mit dem Flugzeug.
Um die Agentin abzuschütteln, nimmt der Verdächtige bei jedem Umsteigen das Flugzeug, das in die Gegenrichtung fliegt (er fliegt also immer hin und her). Der Verdächtige steigt viermal um.
Jede Strecke ist doppelt so lang, wie die vorher zurückgelegte.
Wie viele km ist er am Schluss von seinem Startpunkt entfernt?

	1. Strecke	2. Strecke	3. Strecke	4. Strecke	5. Strecke	Entfernung vom Startpunkt in km
1. Fall	90 km	180 km	360 km	720 km	1 440 km	990 km
2. Fall	70 km	140 km	280 km	560 km	1 120 km	770 km
3. Fall	60 km	120 km	240 km	480 km	960 km	660 km
4. Fall	50 km	100 km	200 km	400 km	800 km	550 km
5. Fall	10 km	20 km	40 km	80 km	160 km	110 km

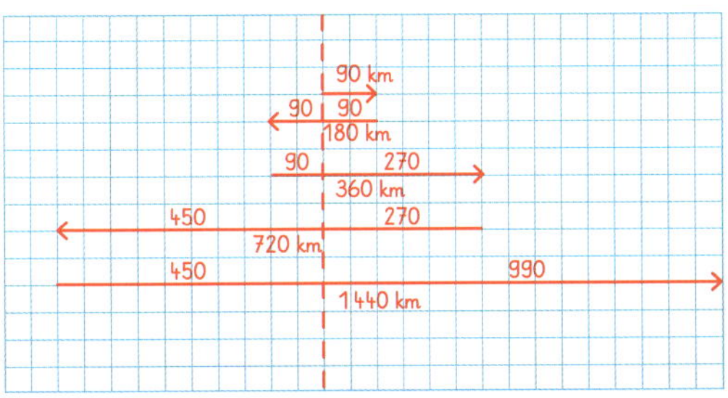

2 Die Detektive Schleich und Klein trainieren mit dem Fahrrad.

Detektiv Klein		Detektiv Schleich	
km	Zeit	km	Zeit
30 km	1 h	18 km	60 min (1h)
15 km	30 min	6 km	20 min
7,5 km	15 min	12 km	40 min
22,5 km	45 min	45 km	2,5 h

3 Ergänze zum vollen und zum halben Kilometer.

1 km	$\frac{1}{2}$ km	750 m	1000 m	$\frac{1}{4}$ km	243 m	99 m	50 m
	500 m	250 m	0 m	750 m	757 m	901 m	950 m
$\frac{1}{2}$ km	100 m	500 m	$\frac{1}{2}$ m	2 m	20 m	200 m	222 m
	400 m	0 m	499,5 m	498 m	480 m	300 m	278 m

4 Ordne zu. Verbinde.

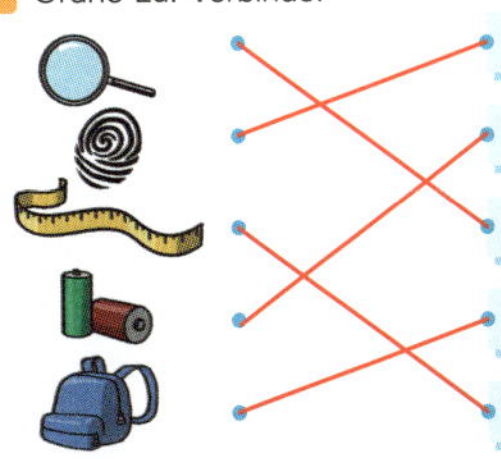

14 mm
50 mm
145 mm
45 cm
100 cm

STICKER

1 Meine Zahl …

… ist um 10 kleiner als die Hälfte von 804.

804 : 2 − 10 = 392

… ist das Doppelte der Summe von 124 und 318.

124 + 318 = 442

2 · 442 = 884

… ist die Summe von 150 und der Hälfte von 284.

284 : 2 = 142

150 + 142 = 292

… ist größer als 50 und kleiner als 80. Sie ist das Doppelte einer Quadratzahl.

2 · 36 = 72

… ist größer als 70 und kleiner als 75. Sie lässt sich durch 3 teilen.

72

… ist größer als 45 und kleiner als 90. Sie lässt sich durch 2, 3 und 5 teilen.

60

1 Klein behauptet: „In jeder der zehn Hundertertafeln bis 1 000 gibt es genau eine Zahl mit drei gleichen Ziffern".

Das stimmt in der ersten Hundertertafel nicht.

Die Detektive Schleich und Klein fahren jede Woche etwa 20 Stunden mit dem Auto. Das sind im Jahr über 1 000 Stunden.

Das stimmt. 52 · 20 = 1040

Schleich meint: „Es gibt einen Körper, der nur eine Kante hat."

Das stimmt. Der Kegel hat nur eine Kante.

Wenn Detektiv Willi drei Mützen, drei Mäntel und drei Brillen hätte, hätte er 333 Möglichkeiten, sich anzuziehen.

Das stimmt nicht. Er hätte 3 · 3 · 3 = 27 Möglichkeiten.

Schnüff ist sechs Jahre alt. Agentin Agathe ist 6-mal so alt wie Schnüff. In vier Jahren ist sie nur noch 4-mal so alt wie Schnüff.

Das stimmt. In vier Jahren ist Schnüff 10 Jahre alt, Agentin Agathe 40 Jahre alt.

Schleich und Klein treffen sich um 10:30 Uhr in ihrem Büro. Schleich benötigt 45 Minuten von zu Hause aus, Klein 30 Minuten. Klein geht um 10:00 Uhr los, Schleich um 10:15 Uhr.

Das stimmt nicht. Schleich kommt erst um 11:00 Uhr im Büro an.

1 Die Detektive Schleich und Klein haben einen Teil der Beute gefunden: einen Sack mit Gold und einen Sack mit Schmuck.

Eine Zeugin schätzt, dass der Räuber etwa 30-mal so viel wiegt wie der halbe Sack mit Schmuck.

Ein anderer Zeuge schätzt, dass der Räuber ungefähr 6-mal so schwer ist wie beide Säcke zusammen.

Als der Räuber gefasst wird, stellt sich heraus, dass er 90 kg wiegt. Beide Zeugen hatten Recht.

Beide Säcke zusammen wiegen 15 kg.

Der Sack mit Gold wiegt 9 kg.

Der mit Schmuck wiegt 6 kg.

90 kg : 6 = 15 kg
90 kg : 30 = 3 kg
3 kg · 2 = 6 kg
15 kg − 6 kg = 9 kg

2 Ordne zu. Verbinde. (Beispiellösung:)

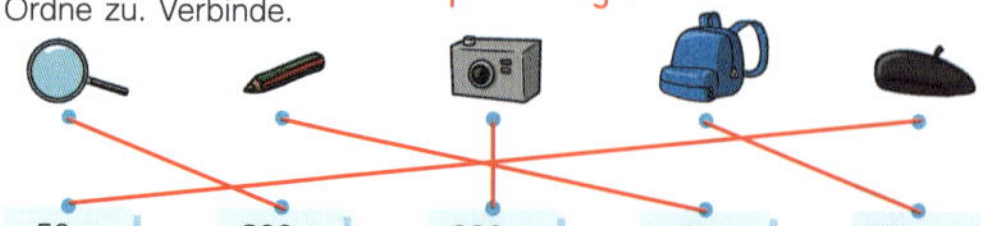

50 g | 200 g | 380 g | 5 g | 1200 g

3 Ergänze zum halben und zum vollen Kilogramm.

$\frac{1}{2}$ kg	250 g	$\frac{1}{2}$ kg	500 g	125 g	75 g	7 g	1 g
	250 g	0 g	0 g	375 g	425 g	493 g	499 g
1 kg	$\frac{3}{4}$ kg	$\frac{1}{2}$ kg	250 g	125 g	75 g	7 g	750 g
	250 g	500 g	750 g	875 g	925 g	993 g	250 g

4 Was haben die Diebe gestohlen? Ergänze die Tabelle.

	Perlenketten (20 g)	Ringe (16 g)	Armreifen (25 g)	Ohrringe (2 g)	Armbanduhren (50 g)	Beutegewicht insgesamt
	6	3	9	200	50	3293 g
	15	9	20	90	70	4624 g
	4	10	8	180	2	900 g
(Beispiellösung:)	10	10	4	70	8	1 000 g
(Beispiellösung:)	10	0	4	100	10	1 000 g

1 Agentin Agathe hat einen Sack mit gestohlenen Perlen gefunden. Es sind weniger als 1 000 Perlen.
Aus den 2 cm großen Perlen kann man ein Quadrat legen.
Man kann Perlenketten mit je 4 oder je 50 Perlen aufziehen, ohne, dass eine Perle übrig bleibt.

Wie viele Perlen sind in dem Sack?

mindestens 50 Perlen
Welches Vielfache von 50 ist durch 4 teilbar (ohne einen Rest zu lassen) und gleichzeitig eine Quadratzahl?

100 : 4 = 25
100 : 10 = 10
100 : 50 = 2

Antwort: In dem Sack sind 100 Perlen.

2 Die Detektive Schleich und Klein verfolgen einen Verdächtigen mit dem Auto. Sie sind 600 km mit 120 km/h über die Autobahn gefahren und 50 km mit 100 km/h über die Landstraße.

Wie lange waren Schleich und Klein unterwegs?

600 km mit 120 km/h:
600 km : 120 km/h = 5 h

50 km mit 100 km/h:
50 km : 100 km/h = 0,5 h

Antwort: Sie waren 5,5 Stunden unterwegs.

3 Der Räuber hat 900 Goldbarren gestohlen. Agentin Agathe hat ein Drittel der gestohlenen Goldbarren gefunden. Detektiv Klein hat halb so viele Goldbarren gefunden wie Agentin Agathe. Detektiv Schleich hat dreimal so viele Goldbarren gefunden wie Detektiv Klein.

Wie viele Goldbarren werden noch vermisst?

900 : 3 = 300
300 : 2 = 150
150 · 3 = 450
450 + 150 + 300 = 900

Antwort: Es werden keine Goldbarren mehr vermisst.

4 Die Detektive Schleich und Klein haben Geld verdient. Sie teilen das Geld gerecht. Detektiv Schleich lässt sich seinen Lohn komplett in 20-Euro-Scheinen auszahlen. Detektiv Klein erhält nur 50-Euro-Scheine. Detektiv Schleich erhält $2\frac{1}{2}$ mal so viele Scheine wie Detektiv Klein.

Wie viel Geld könnte jeder Detektiv erhalten haben? (Beispiellösung:)

100 : 50 = 2
100 : 20 = 5
2 · 2,5 = 5

Antwort: 100 €

1

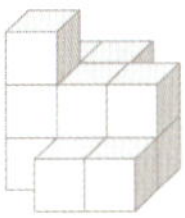
A

B

C

Schreibe die Baupläne:

A:

2	2	0
3	2	2
0	1	1

B:

2	3	2
0	2	0
1	1	1

C:

4	3	2	1
3	3	2	1
2	2	2	0

	A	B	C
Wie viele Würfel brauchst du zum Bauen?	13	12	25
Wie viele Würfel fehlen um den nächst größeren Würfel zu bauen? 	14	15	39

2 Wie viele Würfel fehlen, bis die Schachtel voll ist?

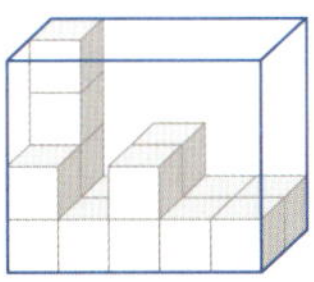
24

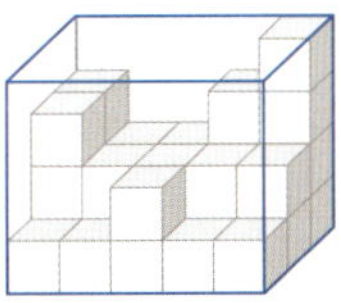
29

1 Auf der Suche nach einem großen Diamanten landen die Detektive Willi und Billi auf einer einsamen Insel.

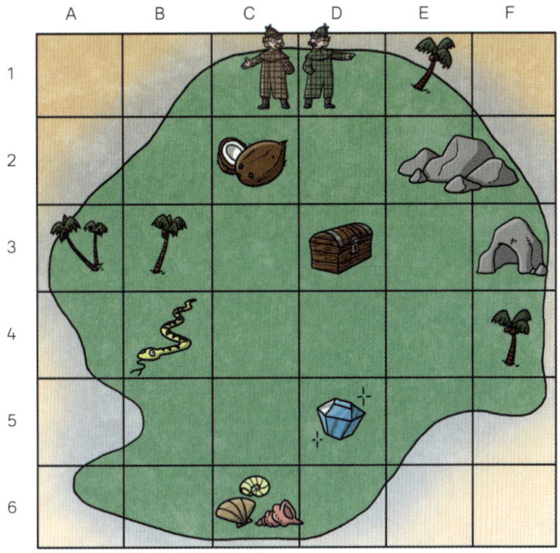

In welchen Planquadraten befinden sich die Gegenstände?

Kokosnuss C 2; Felsen E 2, F 2; Höhle F 3;
Schatzkiste D 3; Muscheln C 6;
Schlange B 4; Diamant D 5;
Palmen A 3, B 3, E 1, F 4

1 **Zorro-Zauberbuchstaben:** Du darfst jede Zahl (von 1 bis 9) nur einmal verwenden. Die Summe der grünen Kreise muss gleich der Summe der roten und gleich der Summe der blauen Kreise sein.

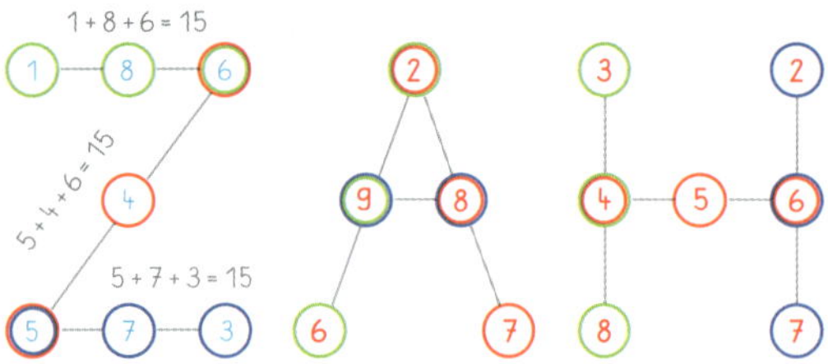

immer 15 | immer 17 | immer 15

(Beispiellösungen:)

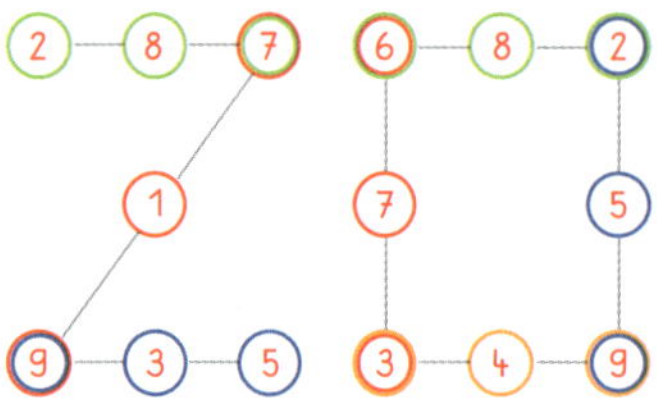

immer 17 | immer 16

Findest du für doppelte Buchstaben verschiedene Lösungen?

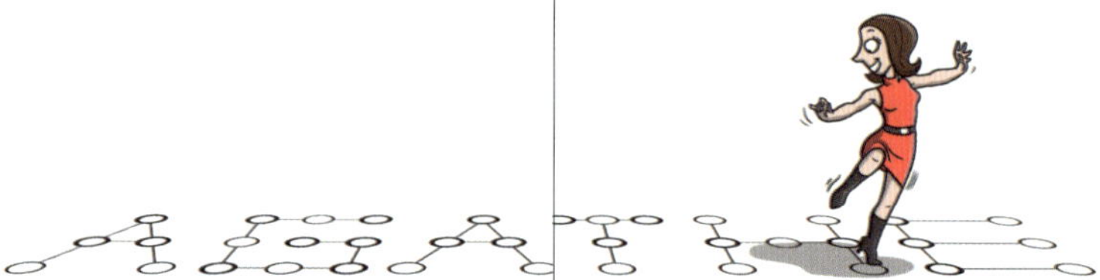

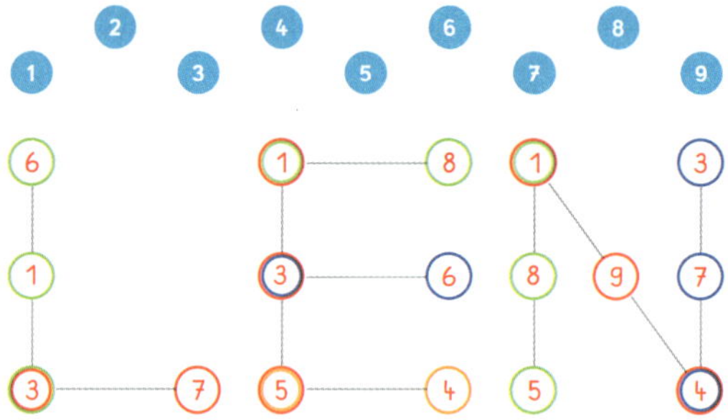

immer 10 | immer 9 | immer 14

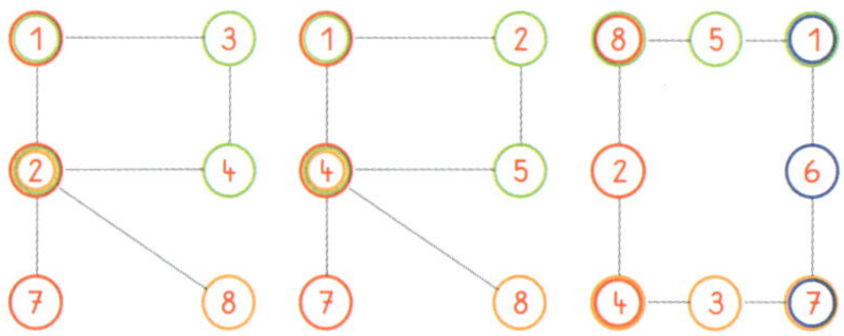

immer 10 | immer 12 | immer 14

1 Rechne.

+	27	61	200	334	750
50	77 K	111 E	250 F	384 H	800 O
56	83 A	117 R	256 M	390 H	806 M
234	261 M	295 I	434 U	568 T	984 W

−	12	50	62	110	212
800	788 Q	750 I	738 D	690 J	588 E
640	628 N	590 P	578 L	530 D	428 C
712	700 I	662 G	650 S	602 E	500 V

·	5	8	10	15	20
2	10 L	16 M	20 L	30 E	40 K
20	100 A	160 E	200 N	300 R	400 E
50	250 E	400 E	500 U	750 I	1000 S

:	2	10	20	25	50
200	100 U	20 L	10 F	8 W	4 X
500	250 E	50 I	25 H	20 L	10 S
700	350 T	70 B	35 N	28 N	14 A

2 Suche die Ergebniszahlen.
Trage die entsprechenden Buchstaben ein.

77	800	256	806
K	O	M	M

261	295	568
M	I	T

750	628
I	N

530	700	602
D	I	E

16	30	160	300	400	1000	8	250	20	350
M	E	E	R	E	S	W	E	L	T

S. 35

S. 37

S. 39

S. 41

S. 43

S. 45

S. 47

S. 49

S. 51

S. 53

S. 55

S. 57

S. 59

S. 61

S. 63

Alle drei Differenzierungshefte innerhalb einer Jahrgangsstufe verbindet ein gemeinsames Grundthema, das von Klassenstufe zu Klassenstufe wechselt. So ist das Lernen mit jedem nächsten Jahrgangsheft, egal ob als Basis, Fördern oder Fordern, wieder motivierend frisch und spannend, zumal bei der Themenauswahl auf die **Lieblingsthemen** der Altersgruppe besonderer Wert gelegt wurde:

Klasse 1: Zirkus
Klasse 2: Fantasy
Klasse 3: Detektive
Klasse 4: Piraten und Meereswelt

Alle Themen sind für Mädchen und Jungen gleichermaßen ansprechend aufbereitet und führen jeweils durch das gesamte Heft. Immer dabei ist die **Zahlenzorro-Leitfigur**, welche die Kinder humorvoll begleitet und mit Hilfen und Anregungen unterstützt.

In jedes Heft ist ein Lösungsteil integriert. Dieses **Lösungsheft** lässt sich zusammen mit dem **Stickerbogen** aus der Heftmitte heraustrennen. Das Lösungsheft kann auf diese Weise je nach Bedarf an die Seite gelegt oder auch der Schülerin/dem Schüler zum selbstständigen Überprüfen ausgehändigt werden. Nach Bearbeitung einer Doppelseite im Heft wird dann der Belohnungssticker aus dem Stickerbogen an die entsprechende Stelle unten rechts auf der Doppelseite eingeklebt. Wenn alle Aufkleber im Heft richtig platziert wurden, ergeben sie beim schnellen Durchblättern ein **Daumenkino** mit einem zum Heftthema passenden „Zahlenzorro-Film“ voller Überraschungen.

Viel Spaß mit unserer Zahlenzorro-Heftreihe wünscht
das Zahlenzorro-Team

3 Die Detektive Schleich und Klein haben genau 27 Minuten bis zum Tatort gebraucht. Der Einbruch wurde um 23:30 Uhr gemeldet. Jetzt ist es 02:15 Uhr.

Frage: Wie lange sind die Detektive schon am Tatort?
Rechnung:

Antwort: ______________________________

4 Die Einbrecher haben bei ihrer Flucht ein Drittel der im Hof geparkten Autos beschädigt.
Im Hof gibt es 20 Parkplätze. Ein Viertel der Parkplätze war leer, als die Einbrecher geflohen sind.

Frage: Wie viele Autos wurden beschädigt?
Rechnung:

Antwort: ______________________________

5 Die 40-jährige Nachbarin Frau Meier berichtet, dass der Bruder ihres Cousins Marvin einen der Täter gesehen hat. Er schätzt, dass der Täter doppelt so alt ist wie Marvin. Marvins Bruder ist 11 Jahre älter als Marvin und damit halb so alt wie Frau Meier.

Der Täter ist vermutlich ______ Jahre alt.

1

	7	2	5
+	1	3	8

	4	8	2
+	2	6	9

	5	9	3
+	2	2	8

	3	1	8
+	1	5	4
+	2	2	3

	1	6	4
+	4	4	3
+	1	9	2

	4	2	8
+		6	7
+	3	2	6

		4	7
+	2	0	3
+	1	8	5

	6	3	1
+	1	7	5
+		3	8

2 Richtig oder falsch? Kreuze an. Verbessere falsche Aufgaben.

☐ richtig ☐ falsch

	2	8	4
+	1	5	7
	1	1	
	4	4	1

☐ richtig ☐ falsch

	3	5	8
+	3	3	9
		1	
	6	9	7

☐ richtig ☐ falsch

	4	2	8
+	2	8	5
	1	1	
	7	0	3

☐ richtig ☐ falsch

	2	1	8
+	1	8	1
	1	1	
	4	0	9

☐ richtig ☐ falsch

	4	2	5
+	1	3	8
	5	5	3

3 Trage die fehlenden Ziffern ein.

	3	2	5
+	1		4
		7	

	5		2
+		7	1
	7	8	

	1	6	4
+			
	8	8	8

+	3	1	5
	6	4	7

	2	5	
+		3	1
	3		2

	3	2	6
+			
	7	4	3

+	2	7	8
	6	4	2

			4
+	8	5	
	8	9	1

	2		3
+		2	
	7	0	0

		6	3
+	5	4	8
	9		

1

925 − 517 =

343 − 161 =

512 − 356 =

239 − 82 =

683 − 494 =

620 − 157 =

809 − 276 =

408 − 279 =

756 − 508 =

374 − 206 =

2 Trage die fehlenden Ziffern ein.

731 − _21 = 4__

583 − ___ = 452

479 − 2__ = _76

92_ − _17 = 6_1

___ − 736 = 132

87_ − _28 = 2_3

6_1 − 45_ = _35

___ − 333 = 194

712 − ___ = 508

__2 − 15_ = _67

477 − ___ = 193

6_5 − _4_ = 371

__1 − 16_ = 584

95_ − __7 = 308

204 − ___ = 107

3 Setze fort.

727 − 54 =

747 − 154 =

767 − 254 =

−

−

−

Überschlagen mit Geld

1 Reicht das Geld? Überschlage.

		ja	nein
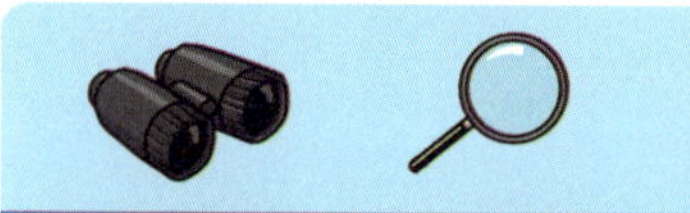			

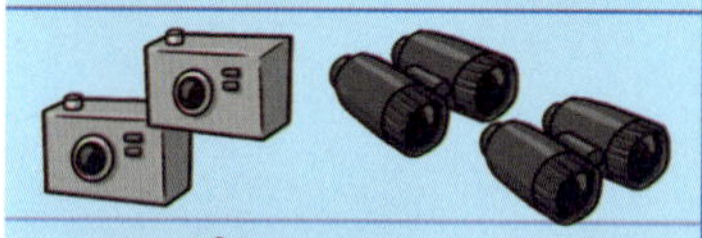			

2 Welcher Überschlag passt? Kreuze an.

19,95 € + 23,80 €

☐ 20 € + 24 €

☐ 10 € + 20 €

12,85 € – 3,42 €

☐ 20 € – 5 €

☐ 13 € – 3 €

144,90 € – 14,95 €

☐ 40 € – 20 €

☐ 145 € – 15 €

7,75 € + 21,85 €

☐ 8 € + 22 €

☐ 5 € + 85 €

31,25 € + 18,65 €

☐ 30 € + 20 €

☐ 35 € + 29 €

85,24 € – 17,65 €

☐ 86 € – 18 €

☐ 85 € – 18 €

1

	2	4,	9	5	€
+		3,	8	7	€

	4	4,	7	5	€
−	1	6,	2	9	€

		2,	8	5	€
+	1	9,	7	8	€

	3	6,	9	0	€
−	1	8,	6	5	€

2 Überschlage im Kopf. Markiere und rechne alle Aufgaben, deren Ergebnis größer als 30 € ist.

12,08 € + 19,47 €

18,15 € + 4,58 €

50,10 € – 28,49 €

75,94 € – 43,19 €

7,63 € + 16,03 €

47,35 € – 28,75 €

192,05 € – 168,49 €

19,85 € + 14,63 €

3

	3	2,	5	9	€
+	2	7,	1	5	€
+	1	3,	4	8	€

	2	0	4,	9	8	€
+	1	5	7,	8	0	€
+		9	6,	5	5	€

	3	6	8,	0	6	€
+		8	0,	7	3	€
+	1	0	9,	0	8	€

		7	8,	6	2	€
+	3	5	4,	0	9	€
+	1	8	5,	6	7	€

1 Der Dieb versucht, ein Fahrrad zu stehlen.
Es ist mit einem Zahlenschloss gesichert.

Der Dieb konnte beobachten, dass der Besitzer die Ziffern 2, 6 und 8 benutzt hat, jede ein Mal.
Welche Möglichkeiten gibt es mit diesen drei Ziffern?

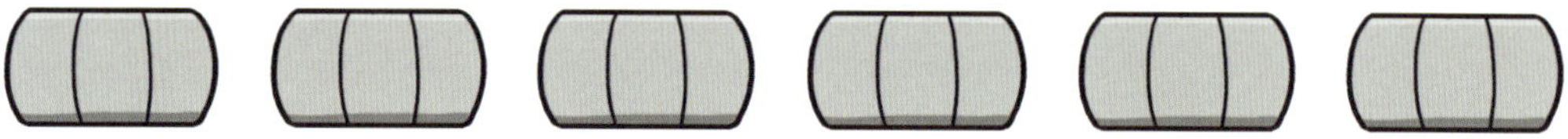

Wenn der Dieb nur die Ziffern 2 und 6 gesehen hätte,

wären es insgesamt ______ Möglichkeiten.

Wenn er nur die Ziffer 2 gesehen hätte, wären es

insgesamt ______ Möglichkeiten.

2 Agentin Agathe möchte ihr Fahrrad mit einem Ziffernschloss sichern.

Wie viele Möglichkeiten hat Agathe, um eine Ziffernkombination auszusuchen?

An der ersten Stelle möchte Agathe eine 8 einstellen.
Wie viele Möglichkeiten hat sie jetzt noch?

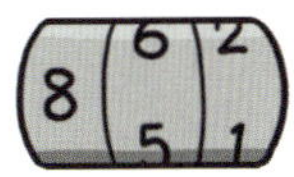

An zweiter Stelle soll nun eine 1 oder eine 7 stehen.

Dann hat sie noch ______ Möglichkeiten.

1 Detektiv Willi übernimmt einen neuen Fall und möchte sich schick machen. Er hat drei Mützen, zwei Mäntel und zwei Brillen zur Auswahl.

Welche Möglichkeiten hat Willi, sich anzuziehen?

Wie viele Möglichkeiten hätte Willi, wenn er nur zwei Mützen, zwei Mäntel und zwei Brillen hätte?

____

____

Wie viele Möglichkeiten hätte Willi, wenn er zwei Mützen, vier Mäntel und drei Brillen hätte?

____

____

2 Heute regnet es. Willi besitzt zwei Regenschirme.
Wie viele Möglichkeiten hat er jetzt insgesamt?

Billi schenkt Willi noch einen roten Schirm. Willi möchte sich nun jeden Tag anders anziehen. Immer möchte er eine Mütze, einen Mantel, eine Brille und einen Schirm tragen.
Am wievielten Tag wiederholt sich seine Zusammenstellung zum ersten Mal?

1 Spürhund Schnüff ist auf der Suche nach den passenden Rechenzeichen. Setze ein.

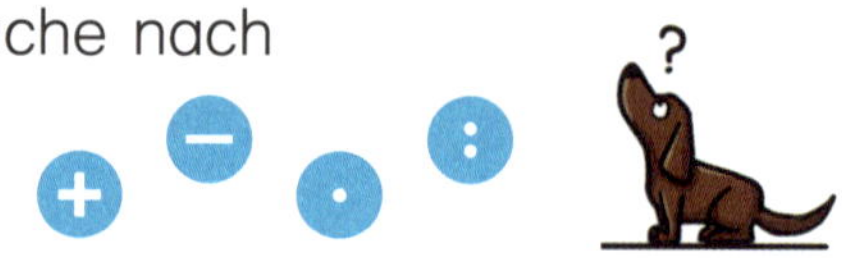

7 ◯ 4 ◯ 6 ◯ 2 = 3

7 ◯ 4 ◯ 6 ◯ 2 = 11

7 ◯ 4 ◯ 6 ◯ 2 = 20

7 ◯ 4 ◯ 6 ◯ 2 = 36

7 ◯ 4 ◯ 6 ◯ 2 = 8

7 ◯ 4 ◯ 6 ◯ 2 = 40

7 ◯ 4 ◯ 6 ◯ 2 = 33

7 ◯ 4 ◯ 6 ◯ 2 = 0

2 Mit deiner Hilfe wollen die Detektive Willi und Billi dem Rätsel auf die Spur kommen. Jedes Symbol steht für eine bestimmte Ziffer. Schreibe die Aufgaben.

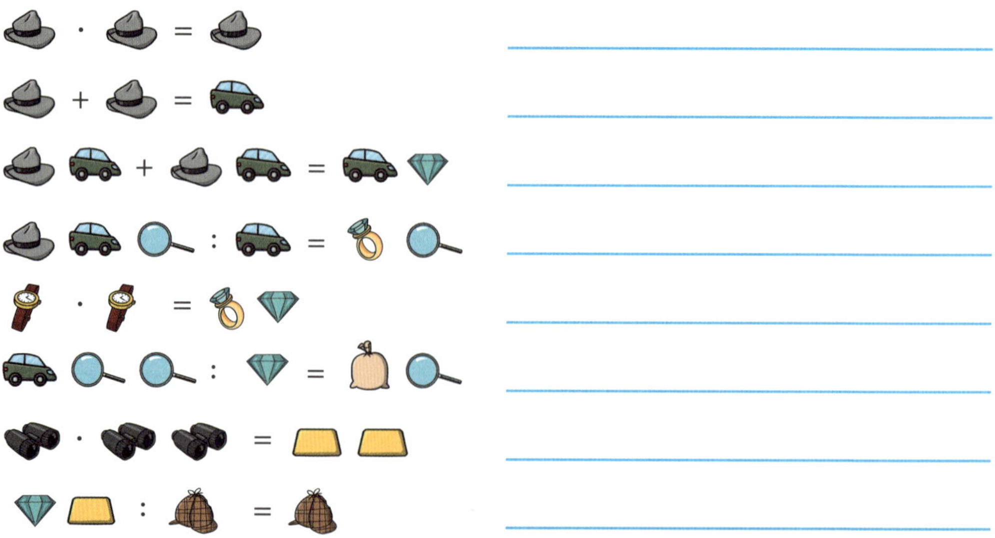

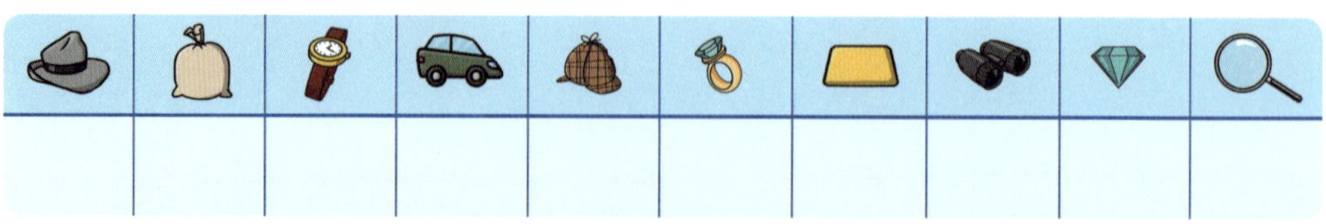

3 Agentin Agathe konnte die 26 gestohlenen Perlen sicherstellen. Von den Perlen sind 20 nicht weiß, 25 sind nicht grün und fünf Perlen sind blau.
Es gibt zwei gelbe Perlen mehr als weiße.
Wie viele Perlen sind rosa?

 ______  ______  ______  ______  ______

4 Sudoku

		3	2	9	5	1		
8	2		1		6	9	3	
4		9	3	8		2	6	
5			7			4	1	9
	8			2		5		6
1		7		5	4		8	
9	4	1			2	7	5	
7		6	5	1		8	2	4
2		8	4	7		6	9	

1 Hier siehst du, auf welche Weise die Detektive Schleich und Klein im letzten halben Jahr die Verdächtigen verfolgt haben:

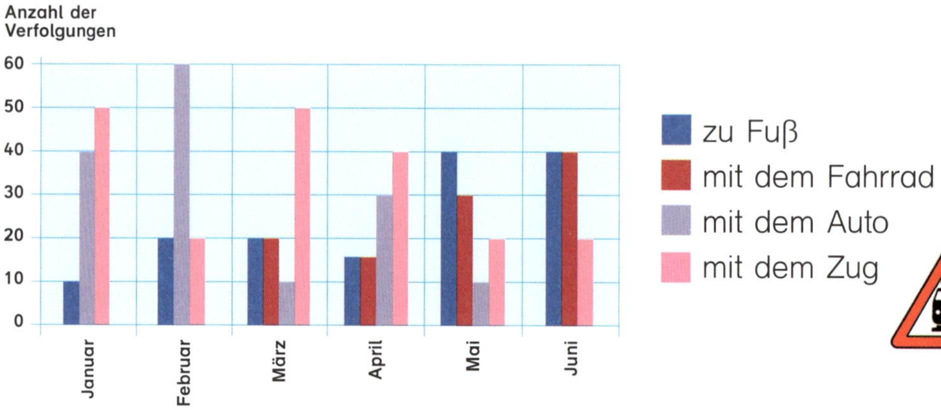

Im Januar fuhren die Detektive am häufigsten mit dem

______________________________.

Im Februar fuhren die Detektive am häufigsten mit dem

______________________________.

Im März fuhren die Detektive am häufigsten mit dem

______________________________.

Im April fuhren die Detektive am häufigsten mit dem

______________________________.

Im Mai legten die Detektive die meisten Wege

______________________________ zurück.

Im Juni legten die Detektive ________ Wege ______________

und genauso viele ______________________ zurück.

In diesen Monaten fuhren die Detektive gar nicht mit dem Fahrrad:

____

In diesen Monaten legten die Detektive 20 Wege mit dem Zug zurück:

____

In diesen Monaten legten die Detektive 20 Wege zu Fuß zurück:

____

Im ______________ fuhren die Detektive gar nicht mit dem Auto.

Was denkst du, warum die Detektive im Januar und Februar gar nicht mit dem Fahrrad fuhren?

____

____

Was denkst du, warum die Detektive im Mai und Juni so viele Wege zu Fuß oder mit dem Fahrrad zurücklegten?

____

____

2 Denke an die Wege, die du in der vergangenen Woche zurückgelegt hast. Schätze, wie häufig du jedes Verkehrsmittel benutzt hast:

Fahrrad ______________

Auto ______________

Bus ______________

Wie oft hast du Wege zu Fuß zurückgelegt?

____

Agentin Agathe soll einen Fall lösen. Ein Besucher des Jahrmarkts fühlt sich betrogen. Er wollte Glücksrad D drehen. Da dieses besetzt war, ließ der Budenbesitzer ihn Glücksrad B drehen. Er sagte, dies hätte ja auch zwei Felder von jeder Farbe.

1 Ist der Besucher betrogen worden? Begründe.

____

____

2 Setze das richtige Wort ein.

sicher | wahrscheinlich | unwahrscheinlich | unmöglich

Bei Glücksrad D ist es ______________, Rot zu treffen.

Bei Glücksrad A ist es ______________, einen Gewinn zu erhalten.

Bei Glücksrad C ist es ______________, einen Hauptgewinn zu erhalten.

Es ist ______________, bei Glücksrad B einen Kleingewinn zu erhalten.

Es ist ______________, bei Glücksrad D keinen Gewinn zu erhalten.

3

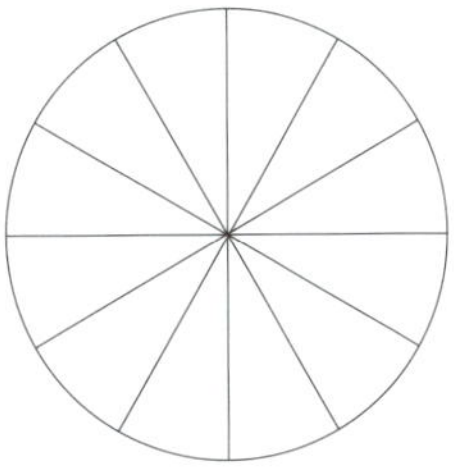

Färbe die drei Glücksräder so:

Es ist **wahrscheinlich**, ein grünes Feld und **unmöglich**, ein rotes Feld zu treffen.

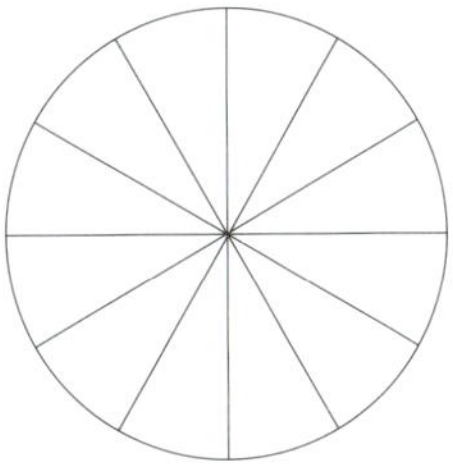

Es ist **sicher**, kein blaues und **wahrscheinlich**, ein gelbes Feld zu treffen.

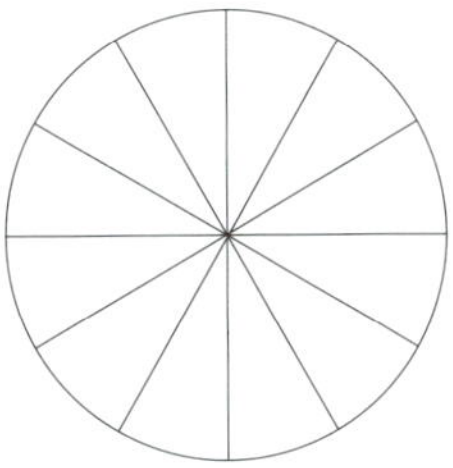

Es ist **unwahrscheinlich**, ein gelbes Feld und **nicht sicher**, ein blaues Feld zu treffen.

4

A

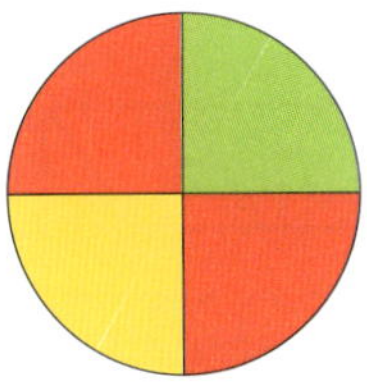

B

C

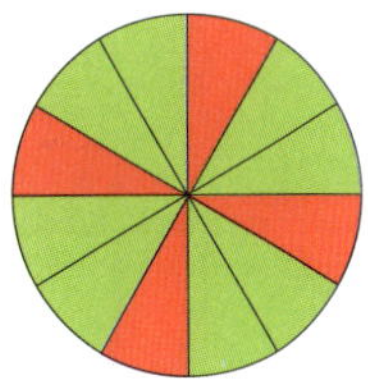

D

Rot gewinnt

Grün gewinnt

Blau gewinnt

Bei Glücksrad D ist die Chance zu gewinnen doppelt so hoch wie bei Glücksrad ______.

Bei Glücksrad ______ ist die Chance zu verlieren doppelt so hoch wie die Chance zu gewinnen.

Bei Glücksrad C ist die Gewinnchance höher als bei A, weil ______________________

____.

1 Schätze. Wie viele Punkte sind es ungefähr? Wie rechnest du?

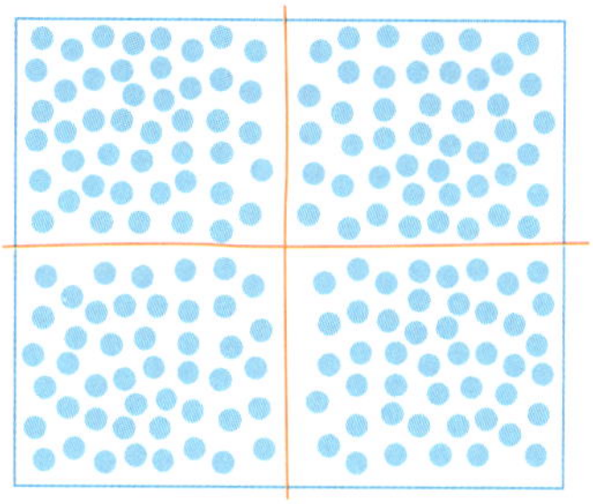

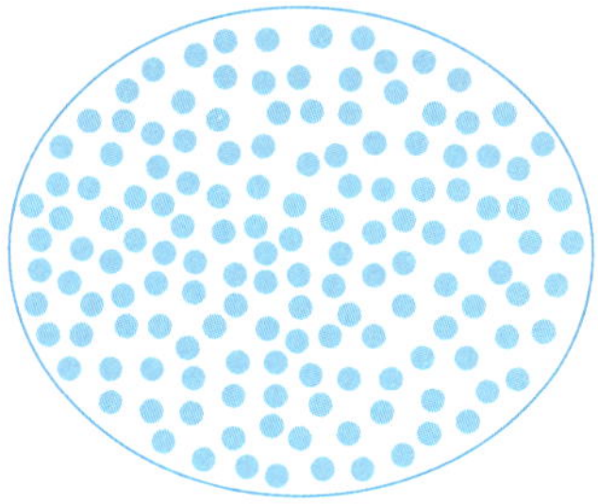

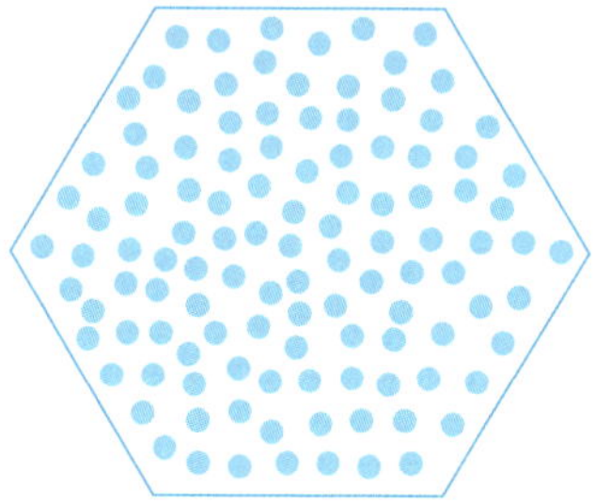

ungefähr: ______
Mein Lösungsweg:

ungefähr: ______
Mein Lösungsweg:

ungefähr: ______
Mein Lösungsweg:

2 Schätze. Wie viele Perlen sind ungefähr in jedem Glas?
Wie rechnest du?

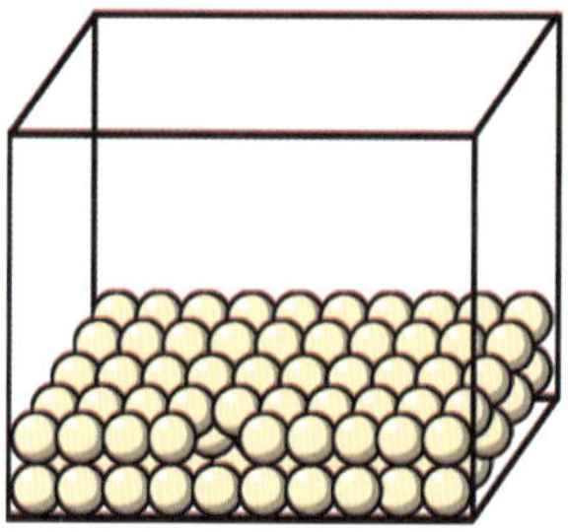

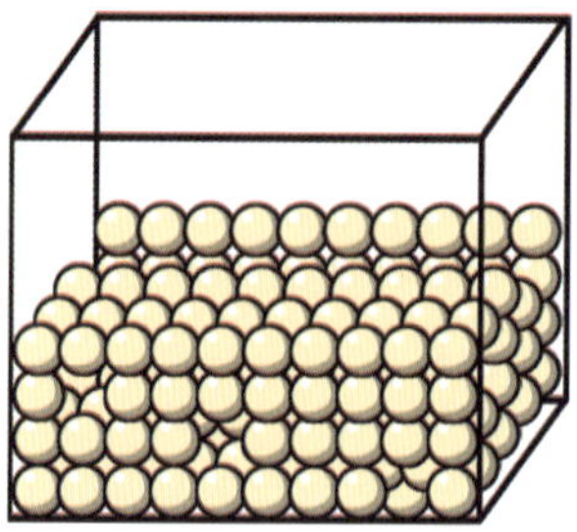

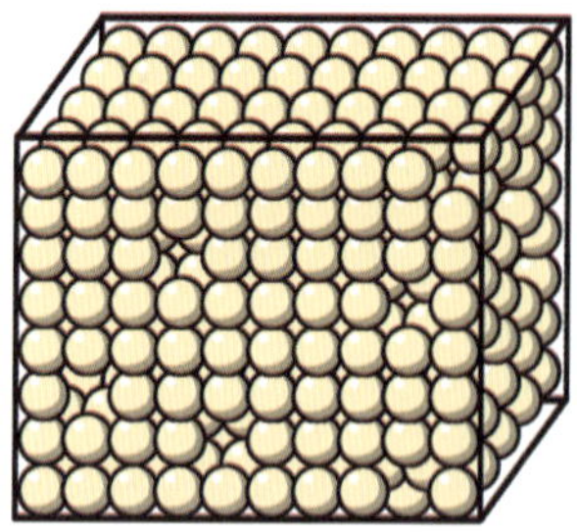

ungefähr: ______
Mein Lösungsweg:

ungefähr: ______
Mein Lösungsweg:

ungefähr: ______
Mein Lösungsweg:

1 Welche Rechnungen stimmen? Kreuze an.

$7 \cdot 5 + 3 = 38$ ☐	$9 \cdot 6 - 4 = 18$ ☐
$6 + 4 \cdot 8 = 80$ ☐	$60 - 4 \cdot 9 = 24$ ☐
$20 : 5 + 5 = 2$ ☐	$24 : 6 - 3 = 1$ ☐
$30 + 12 : 3 = 34$ ☐	$86 - 16 : 4 = 82$ ☐

2

$4 + 7 \cdot 5 =$ ___	$6 + 6 \cdot 6 =$ ___	$60 - 4 \cdot 5 =$ ___
$9 \cdot 4 + 8 =$ ___	$8 + 4 \cdot 3 =$ ___	$4 \cdot 5 - 20 =$ ___
$6 \cdot 8 + 7 =$ ___	$5 \cdot 5 + 8 =$ ___	$10 \cdot 8 - 7 =$ ___
$5 + 8 \cdot 8 =$ ___	$4 \cdot 7 + 5 =$ ___	$30 - 2 \cdot 8 =$ ___
$16 : 4 + 9 =$ ___	$63 + 9 : 3 =$ ___	$80 : 8 - 6 =$ ___
$8 + 15 : 3 =$ ___	$60 : 6 + 4 =$ ___	$18 - 9 : 9 =$ ___
$49 : 7 + 7 =$ ___	$44 + 4 : 4 =$ ___	$40 - 40 : 10 =$ ___
$7 + 49 : 7 =$ ___	$9 + 12 : 4 =$ ___	$36 : 9 - 2 =$ ___

3 <, > oder = ? Setze richtig ein.

$45 : 5 + 10$ ◯ $21 : 7 + 16$	$80 : 2 - 24$ ◯ $54 : 6 - 2$
$55 + 4 \cdot 8$ ◯ $3 \cdot 9 + 66$	$42 - 4 \cdot 6$ ◯ $8 \cdot 9 - 54$
$36 : 4 + 27$ ◯ $5 \cdot 8 - 12$	$67 - 4 \cdot 11$ ◯ $23 + 36 : 3$

STICKER

Rechenwege – Multiplizieren

1 Rechne auf deinem Weg.

$8 \cdot 41 =$ ____

$7 \cdot 39 =$ ____

$3 \cdot 124 =$ ____

$2 \cdot 449 =$ ____

2 Wo ist der Fehler im Rechenweg? Kreuze an. Rechne richtig.

$5 \cdot 24 =$

$5 \cdot 20 = 120$ ☐

$5 \cdot 4 = 20$ ☐

$120 + 20 = 140$ ☐

$6 \cdot 54 =$

$6 \cdot 50 = 300$ ☐

$6 \cdot 4 = 26$ ☐

$300 + 26 = 326$ ☐

1 Rechne auf deinem Weg.

96 : 8 = ____

78 : 3 = ____

126 : 3 = ____

378 : 6 = ____

2 Wo ist der Fehler im Rechenweg? Kreuze an. Rechne richtig.

172 : 4 =
160 : 4 = 80 ☐
12 : 4 = 3 ☐
80 + 3 = 83 ☐

216 : 3 =
21 : 3 = 7 ☐
6 : 3 = 2 ☐
7 + 2 = 9 ☐

195 : 5 =
200 : 5 = 40 ☐
5 : 5 = 1 ☐
40 + 1 = 41 ☐

1 Agentin Agathe verfolgt den Verdächtigen mit dem Flugzeug. Um die Agentin abzuschütteln, nimmt der Verdächtige bei jedem Umsteigen das Flugzeug, das in die Gegenrichtung fliegt (er fliegt also immer hin und her). Der Verdächtige steigt viermal um. Jede Strecke ist doppelt so lang, wie die vorher zurückgelegte. Wie viele km ist er am Schluss von seinem Startpunkt entfernt?

	1. Strecke	2. Strecke	3. Strecke	4. Strecke	5. Strecke	Entfernung vom Startpunkt in km
1. Fall 	90 km	180 km	360 km			
2. Fall 	70 km					
3. Fall 		120 km				
4. Fall 			200 km			
5. Fall 						110 km

2 Die Detektive Schleich und Klein trainieren mit dem Fahrrad.

Detektiv Klein		Detektiv Schleich	
km	Zeit	km	Zeit
30 km	1 h	18 km	____
____ km	30 min	6 km	20 min
____ km	15 min	12 km	____
____ km	45 min	____ km	2,5 h

3 Ergänze zum vollen und zum halben Kilometer.

1 km	$\frac{1}{2}$ km	750 m	1000 m	$\frac{1}{4}$ km	243 m	99 m	50 m
	500 m	____ m	____ m	____ m	____ m	____ m	____ m
$\frac{1}{2}$ km	100 m	500 m	$\frac{1}{2}$ m	2 m	20 m	200 m	222 m
	____ m	____ m	____ m	____ m	____ m	____ m	____ m

4 Ordne zu. Verbinde.

- 14 mm
- 50 mm
- 145 mm
- 45 cm
- 100 cm

1 Meine Zahl …

… ist um 10 kleiner als die Hälfte von 804.

… ist das Doppelte der Summe von 124 und 318.

… ist die Summe von 150 und der Hälfte von 284.

… ist größer als 50 und kleiner als 80. Sie ist das Doppelte einer Quadratzahl.

… ist größer als 70 und kleiner als 75. Sie lässt sich durch 3 teilen.

… ist größer als 45 und kleiner als 90. Sie lässt sich durch 2, 3 und 5 teilen.

1 Klein behauptet: „In jeder der zehn Hundertertafeln bis 1 000 gibt es genau eine Zahl mit drei gleichen Ziffern".

Die Detektive Schleich und Klein fahren jede Woche etwa 20 Stunden mit dem Auto. Das sind im Jahr über 1 000 Stunden.

Schleich meint: „Es gibt einen Körper, der nur eine Kante hat."

Wenn Detektiv Willi drei Mützen, drei Mäntel und drei Brillen hätte, hätte er 333 Möglichkeiten, sich anzuziehen.

Schnüff ist sechs Jahre alt. Agentin Agathe ist 6-mal so alt wie Schnüff. In vier Jahren ist sie nur noch 4-mal so alt wie Schnüff.

Schleich und Klein treffen sich um 10:30 Uhr in ihrem Büro. Schleich benötigt 45 Minuten von zu Hause aus, Klein 30 Minuten. Klein geht um 10:00 Uhr los, Schleich um 10:15 Uhr.

1 Die Detektive Schleich und Klein haben einen Teil der Beute gefunden: einen Sack mit Gold und einen Sack mit Schmuck.

Eine Zeugin schätzt, dass der Räuber etwa 30-mal so viel wiegt wie der halbe Sack mit Schmuck.

Ein anderer Zeuge schätzt, dass der Räuber ungefähr 6-mal so schwer ist wie beide Säcke zusammen.

Als der Räuber gefasst wird, stellt sich heraus, dass er 90 kg wiegt. Beide Zeugen hatten Recht.

Beide Säcke zusammen wiegen ______ kg.

Der Sack mit Gold wiegt ______ kg.

Der mit Schmuck wiegt ______ kg.

2 Ordne zu. Verbinde.

50 g | 200 g | 380 g | 5 g | 1200 g

3 Ergänze zum halben und zum vollen Kilogramm.

$\frac{1}{2}$ kg	250 g	$\frac{1}{2}$ kg	500 g	125 g	75 g	7 g	1 g
	250 g	___ g	___ g	___ g	___ g	___ g	___ g
1 kg	$\frac{3}{4}$ kg	$\frac{1}{2}$ kg	250 g	125 g	75 g	7 g	750 g
	___ g	___ g	___ g	___ g	___ g	___ g	___ g

4 Was haben die Diebe gestohlen? Ergänze die Tabelle.

Perlenketten	Ringe	Armreifen	Ohrringe	Armbanduhren	Beutegewicht insgesamt
6	3	9	200	50	___ g
15	9	20	90	70	___ g
___	10	8	180	2	900 g
10	10	___	70	___	1 000 g
___	___	___	___	___	1 000 g

1 Agentin Agathe hat einen Sack mit gestohlenen Perlen gefunden.
Es sind weniger als 1 000 Perlen.
Aus den 2 cm großen Perlen kann man ein Quadrat legen.
Man kann Perlenketten mit je 4 oder je 50 Perlen aufziehen, ohne, dass eine Perle übrig bleibt.

Wie viele Perlen sind in dem Sack?

Antwort: ______________________________

2 Die Detektive Schleich und Klein verfolgen einen Verdächtigen mit dem Auto. Sie sind 600 km mit 120 km/h über die Autobahn gefahren und 50 km mit 100 km/h über die Landstraße.

Wie lange waren Schleich und Klein unterwegs?

Antwort: ______________________________

3 Der Räuber hat 900 Goldbarren gestohlen. Agentin Agathe hat ein Drittel der gestohlenen Goldbarren gefunden. Detektiv Klein hat halb so viele Goldbarren gefunden wie Agentin Agathe. Detektiv Schleich hat dreimal so viele Goldbarren gefunden wie Detektiv Klein.

Wie viele Goldbarren werden noch vermisst?

Antwort: ______________________________

4 Die Detektive Schleich und Klein haben Geld verdient. Sie teilen das Geld gerecht. Detektiv Schleich lässt sich seinen Lohn komplett in 20-Euro-Scheinen auszahlen. Detektiv Klein erhält nur 50-Euro-Scheine. Detektiv Schleich erhält $2\frac{1}{2}$ mal so viele Scheine wie Detektiv Klein.

Wie viel Geld könnte jeder Detektiv erhalten haben?

Antwort: ______________________________

1

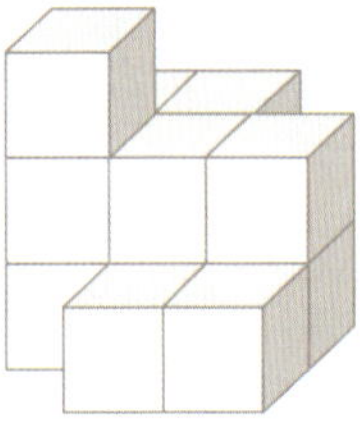

A

B

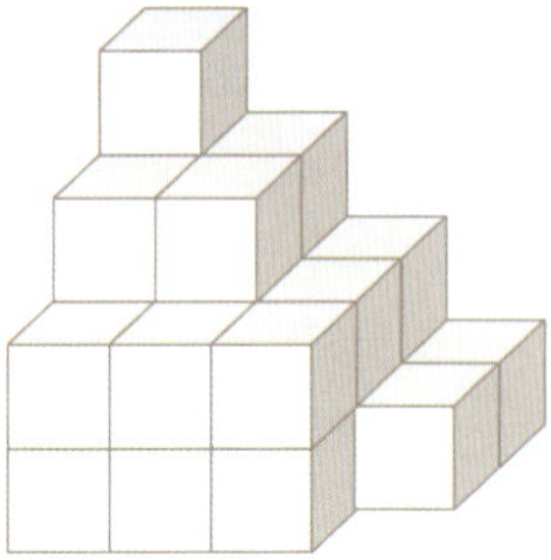

C

Schreibe die Baupläne:

	A	B	C
Wie viele Würfel brauchst du zum Bauen?			
Wie viele Würfel fehlen um den nächst größeren Würfel zu bauen? 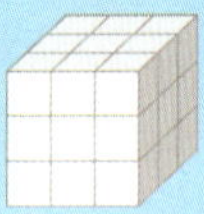			

2 Wie viele Würfel fehlen, bis die Schachtel voll ist?

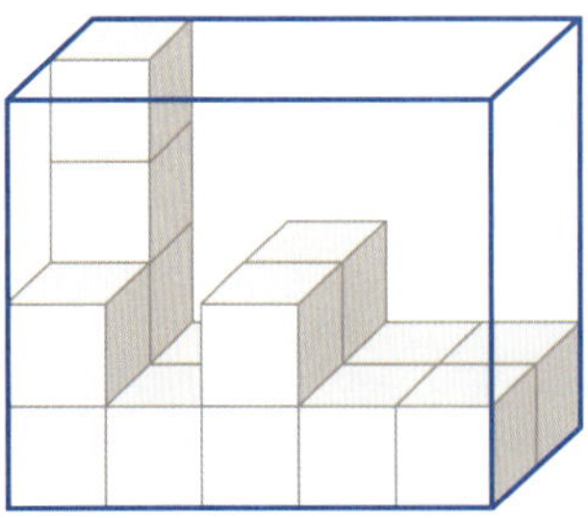

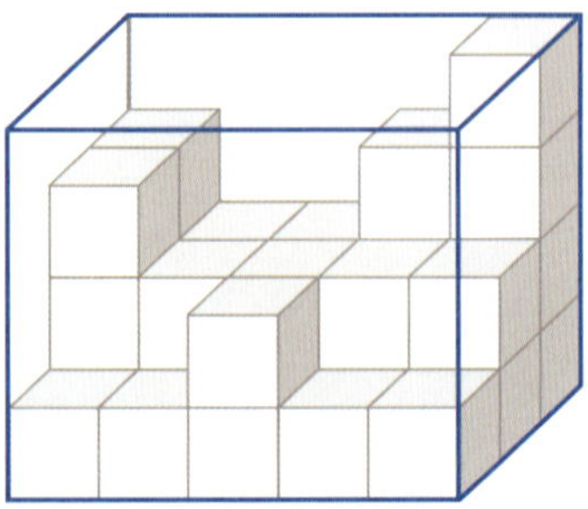

1 Auf der Suche nach einem großen Diamanten landen die Detektive Willi und Billi auf einer einsamen Insel.

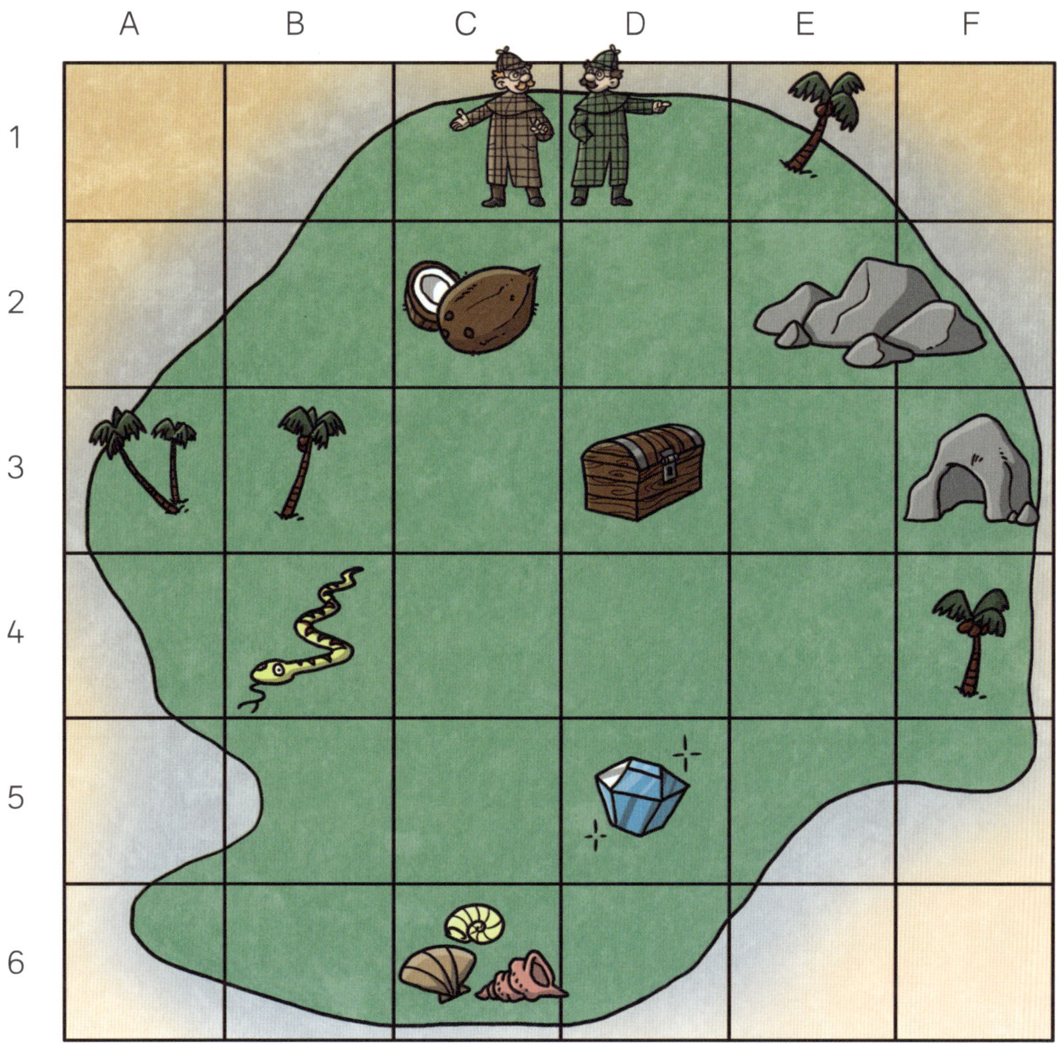

In welchen Planquadraten befinden sich die Gegenstände?

Kokosnuss C 2; Felsen ______, ______; Höhle ______;

Schatzkiste ______; Muscheln ______;

Schlange ______; Diamant ______;

Palmen ______, ______, ______, ______

1 **Zorro-Zauberbuchstaben:** Du darfst jede Zahl (von 1 bis 9) nur einmal verwenden. Die Summe der grünen Kreise muss gleich der Summe der roten und gleich der Summe der blauen Kreise sein.

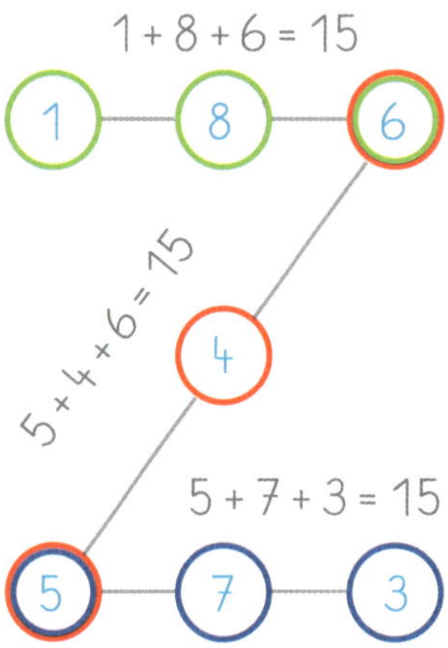

immer 15

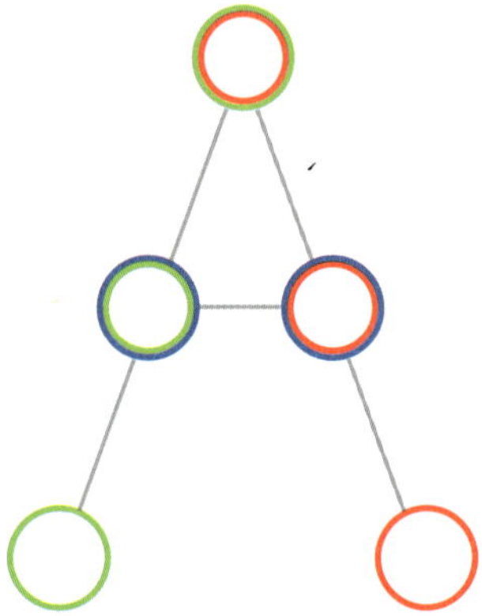

immer ______

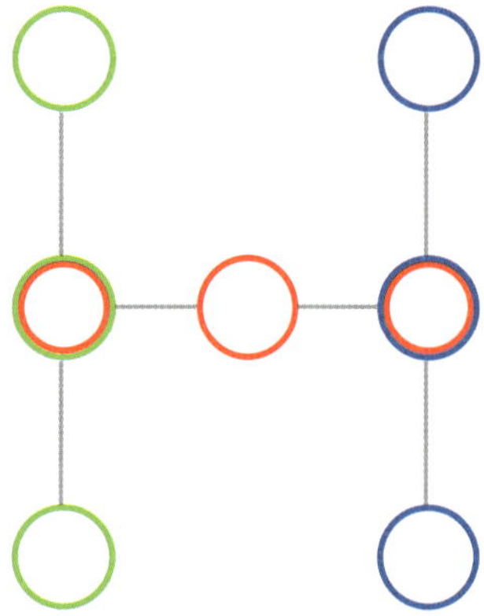

immer ______

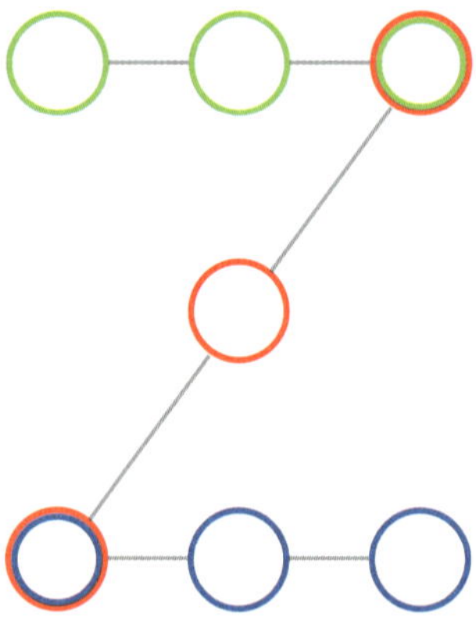

immer ______

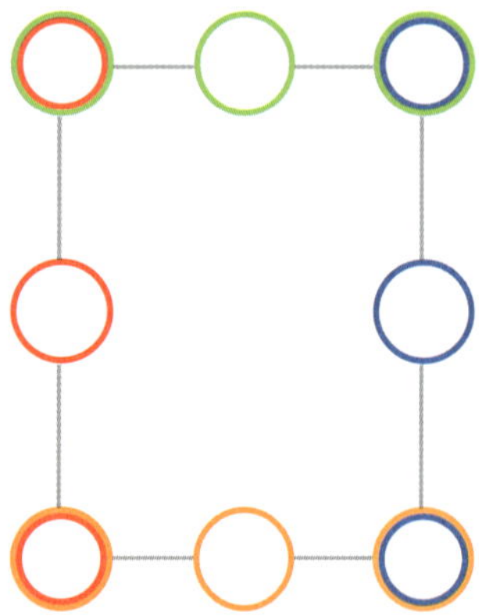

immer ______

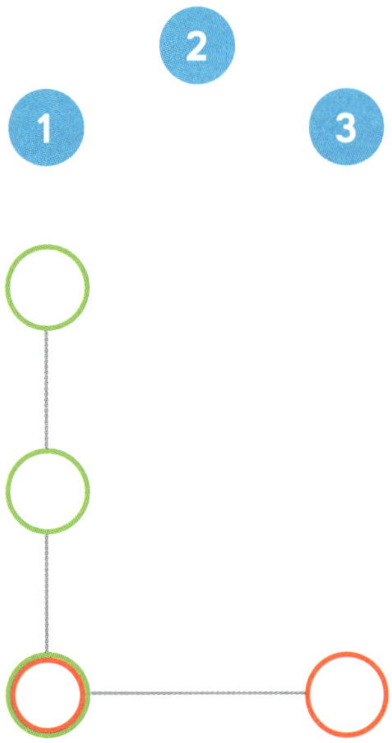

immer ______ immer ______ immer ______

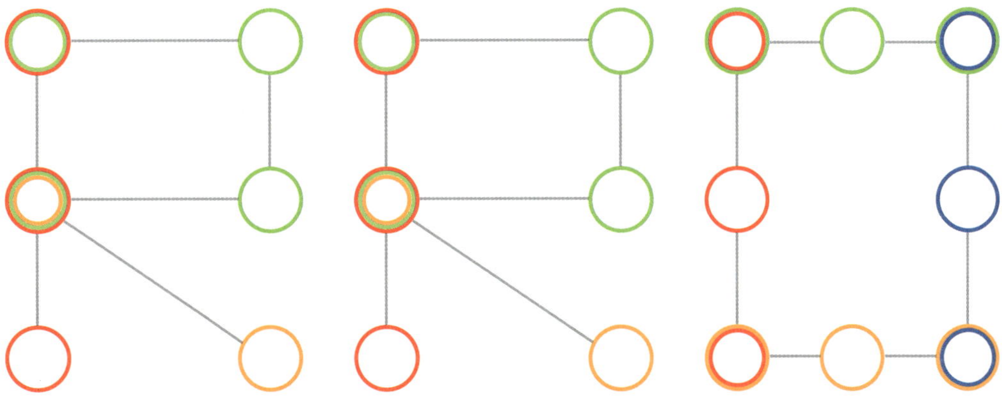

immer ______ immer ______ immer ______

Gemischtes Rechnen bis 1000

1 Rechne.

+	27	61	200	334	750
50	K	E	F	H	O
56	A	R	M	H	M
234	M	I	U	T	W

−	12	50	62	110	212
800	Q	I	D	J	E
640	N	P	L	D	C
712	I	G	S	E	V

·	5	8	10	15	20
2	L	M	L	E	K
20	A	E	N	R	E
50	E	E	U	I	S

:	2	10	20	25	50
200	U	L	F	W	X
500	E	I	H	L	S
700	T	B	N	N	A

2 Suche die Ergebniszahlen.
Trage die entsprechenden Buchstaben ein.

77	800	256	806

261	295	568

750	628

530	700	602

16	30	160	300	400	1000	8	250	20	350